水库涉水侵蚀对岸坡稳定性影响及护坡效果研究

（下册）

刘修水　王步新 等※著

内容简介

本书针对水库消落区涉水土质滑坡和侵蚀的降雨、水位变化以及风浪作用对岸坡稳定性的影响机理，提出了一种改进的BSTEM迭代算法，建立了降雨、近岸坡水流、水库水位、地下水以及风浪侵蚀影响的水库岸坡崩岸数字模型，实测验证了典型水库岸坡崩岸过程模型，证实了新建模型能更好地预测各种因素作用下岸坡稳定和崩岸宽度变化规律。在植被生态护坡研究中，采用RipRoot模型方法，探究了不同水位时期以及降雨条件下植被种类、种植位置等因素对生态护坡的影响，表明植被根系可以通过增强土壤黏聚力与调节渗流过程增加岸坡稳定性。

本书可供从事水利水电工程设计、施工、科研等科技人员学习，亦可作为高等院校师生参考。

图书在版编目（CIP）数据

水库涉水侵蚀对岸坡稳定性影响及护坡效果研究. 下册 / 刘修水等著. -- 北京 : 气象出版社, 2024. 11.
ISBN 978-7-5029-8362-8

Ⅰ. TV697.3

中国国家版本馆CIP数据核字第2024QS5313号

Shuiku Sheshui Qinshi dui Anpo Wendingxing Yingxiang ji Hupo Xiaoguo Yanjiu(Xiace)

水库涉水侵蚀对岸坡稳定性影响及护坡效果研究(下册)

刘修水　王步新 等　**著**

出版发行：气象出版社
地　　址：北京市海淀区中关村南大街46号　　**邮政编码**：100081
电　　话：010-68407112(总编室)　010-68408042(发行部)
网　　址：http://www.qxcbs.com　　**E-mail**：qxcbs@cma.gov.cn
责任编辑：郝　汉　　**终　　审**：张　斌
责任校对：张硕杰　　**责任技编**：赵相宁
封面设计：艺点设计
印　　刷：北京建宏印刷有限公司
开　　本：710 mm×1000 mm　1/16　　**印　　张**：5.75
字　　数：126千字
版　　次：2024年11月第1版　　**印　　次**：2024年11月第1次印刷
定　　价：69.00元

本书编写组

组　　长　刘修水　王步新

副 组 长　尤学一　谢子书　周亚岐　孙焕芳

参与人员　刘修水　王步新　尤学一　谢子书

周亚岐　孙焕芳　李进亮　赵　亮

刘正国　纪明元　康军红　邵玉恩

陈占辉　张立斌　边传伟　金迎春

刘文凯　董智杰　王晶磊　徐世宾

任春磊　付金磊　孙国亮　朱　恒

张冠楠　王红利　任少腾　李金珍

杨　倩　李文清　朱嘉正

序

我国是世界上水库数量最多的国家，已建成各类水库 9.83 万座，这些水库在泄洪、灌溉、供水、发电、保护生态安全以及促进农村经济发展方面发挥了重要作用。我国是农业大国、人口大国，特殊的地理条件与资源禀赋状况，使得农业综合生产能力与国家粮食安全有效供给成为国家安全的重要基石，而水库大坝安全则是保障国家水安全的重中之重。

我国病险库总量达到了 3 万多座，其中土石坝约占 95%，受当时客观条件所限，这些水库在安全运行中存在不少问题，且具有一定挑战性。随着我国水利工程项目建设数量日益增加和规模日益扩大，水库消落区边坡失稳和侵蚀问题变得越来越频繁，在水利工程运行中更加突出，这已成为威胁水库大坝安全的主要因素，因此，深入探究并解决相应问题迫在眉睫。

岸坡稳定性研究，不仅与水力学、土力学等多个学科有关，也是复杂的交叉学科问题，更是一个关系到人民生命安全和生产生活环境，以及生态质量的重要课题。

我国大中型水库消落区各有不同形状的边坡、水文、地质、气候、生态环境，进一步研究水库消落区岸坡稳定性具有现实意义。所以，应更好地了解、分析、总结边坡形成机理、变形规律，以及引起滑坡或崩岸的主要因素，在复合基础上，严谨科学研究，全面论证，重点突破，全面治理，更科学地选择岸坡设计修正标准。

面对全球气候变化、城市化等新形势，以及水安全、粮食安全、能源安全、生态环境安全等重大民生问题，把水库建设好、运用好、维护好，是当前水利人的重任，对全世界而言，又是极具挑战性的难题。很高兴看到这本书的作者较深入地探索、研究，此著作倾注了大量心血，其严谨和勇于创新的精神值得敬佩！

相信本书的出版对国内外学者均具有较好的参考价值和借鉴意义，也期望有更多的专著出版，以促进我国及世界水库大坝安全更好地发展。

中国工程院院士 王浩

2024 年 8 月

前　言

在气候变化、降雨、水位变化和风浪等多种因素的作用下，水库岸坡崩岸问题日趋严重，成为人们普遍关心的重要问题。岸坡稳定性不但直接关系到水库结构的稳定和水质健康，而且还影响着人民生命财产安全以及社会经济发展。本书在总结国内外研究现状的基础上，建立并研究了考虑主要岸坡崩岸核心影响因素的岸坡稳定性模拟模型，进一步研究植被固坡的能力和优化技术。最后，基于黄壁庄水库库区涉水土质滑坡和侵蚀的几大诱发因素，如降雨、水位变化以及风浪对岸坡稳定性的影响机理和影响程度，进一步研究生态护坡的作用；揭示了水库库岸滑坡的诱发机理，解析了降雨、水位变化与风浪对岸坡稳定性的影响机理，提出了生态护坡的优化技术和护坡效果。本书主要研究成果：

(1)降雨对岸坡稳定性影响研究中，基于非饱和土一维垂直入渗基本理论，分析了经典 Green-Ampt 入渗模型(格林-安普特入渗模型)和 Philip 入渗模型(菲利普入渗模型)特征参数间存在的重要关系，提出了两个模型的改进形式，并利用改进模型，建立了降雨对岸坡稳定性影响的非积水入渗模型与积水入渗模型。在不同降雨条件下，改进模型提高了不同降雨强度对岸坡渗流和稳定性的模拟可靠性。

(2)水库水位变化对岸坡稳定性影响研究中，模拟探究了不同水位升降速度下，岸坡渗流与稳定性变化规律。研究结果显示，水位上升过程中，岸坡内部水位线随库水位上升而上升，但存在明显的滞后效应。当水位快速上升时，岸坡稳定性系数逐渐增加，表明水位上升有利于岸坡稳定。相反，水位下降时，特别是水位快速下降时，岸坡稳定性系数急剧减小，水位快速下降导致岸坡内部渗流涌出岸坡，增加了岸坡崩岸的风险。

(3)风浪对岸坡稳定性影响研究中，深入探究了风浪对岸坡稳定性的影响规律，提出了一种依据工程设计规范经验公式与岸坡稳定性原理计算风浪侵蚀和岸坡崩岸的方法，该方法成功模拟了风浪侵蚀过程中的岸坡稳定性演化过程。本书选取黄壁庄水库两处侵蚀严重的岸坡作为研究案例，模拟计算了 1968—2020 年岸坡侵蚀和崩岸过程，并与岸坡实测崩岸深度对比，验证了该计算方法可以较好地计算水库风浪侵蚀量和崩岸宽度。

(4)植被生态护坡对岸坡稳定性影响的研究中，采用 RipRoot(根系固土力学模型)方法以及将根—土复合体等效成连续介质的研究方法，探究了不同水位时期以及降雨条件下植被种类、种植位置等因素对生态护坡的影响。结果表明，植被根系可以通过增强土壤黏聚力与调节渗流过程两个方面增强岸坡稳定性。植被种植量与种植范围增大时，固坡效果更好。植被种植位置对护坡效果有很大影响，植被存在时发生崩岸，由于崩塌面面角度变小，崩岸宽度反而增加。木本植物在降雨前期可以更好地提升岸坡稳定性，草本植物在降雨后期固坡效果更显著。植被护坡在低到中等降雨强度下能够更有效地提升坡面的稳定性，但在极端降雨情况下，其护坡效果会下降。

(5)建立了降雨、近岸坡水流、水库水位、地下水位以及风浪侵蚀影响的水库岸坡崩岸模拟数学模型，验证了典型岸坡崩岸过程模拟。证实了新建模型可以更好地预测各种主要因素作用下岸坡崩岸宽度和崩岸规律，为岸坡加固提供理论指导。

由于作者水平有限，书中难免存在不当之处，敬请广大读者指正。

作　者

2024年8月

目　录

第1章 降雨对岸坡稳定性的影响

本研究提出了一种改进的 BSTEM 模型(河岸稳定性及坡脚侵蚀模型)迭代算法。新的迭代算法可以确保各水文事件开始时,岸坡轮廓均处于稳定状态,排除失稳轮廓对水文事件作用的影响,降低了划分水文事件的精度需求,该算法适应多水文事件中的岸坡稳定性的计算需要,为长时间跨度的岸坡稳定性模拟提供支持。基于新的迭代算法和时间步长划分方案,研究还对模型中的重要参数进行了优化改进,如对坡脚顶点(TT)、岸坡稳定性(Fs)临界点进行了重新分析与标准确定,对地下水滞后现象及其对岸坡稳定性的影响进行了对比分析,与实测结果对比,验证了改进算法和模型确定新标准可以更准确地模拟岸坡崩岸宽度,本方法适用于长时间连续模拟和预报[1-99]。

在此基础之上,本章研究了降雨对岸坡稳定性的影响。

1.1 降雨入渗模型

降雨入渗是大气水转化为地下水的主要途径,是地下水非饱和渗流的经典问题。由于降雨入渗问题涉及降雨强度、降雨持时、地表形态、植被状况以及土壤本身的物理特性、水理特征、渗透性能等诸多因素,且这些因素随着时间和空间而变化,因此,要精确掌握入渗的规律将是十分困难的,除极少数问题可以通过适当假设和简化处理得到其解析外,大多数问题都难以得到解析解[47]。近年来,电子计算机和大型商用软件获得了极大的发展,使得复杂问题可以通过数值模拟的方法得到较好的解决,为渗流理论在工程中的应用奠定了坚实的基础[48]。

本节通过研究典型的降雨入渗理论模型,寻求土质滑坡在强降雨时滑体土内非饱和渗流时水分运移的基本规律,为岸坡稳定性分析提供理论依据。

1.1.1 Green-Ampt 入渗模型

近一个世纪以来,许多学者通过对降雨入渗问题的诸多影响因素进行概化、近似和假定,在理论和试验的基础上,提出了各种不同的入渗模型。其中,最早提出的是 Green-Ampt 入渗模型(格林-安普特入渗模型)。1911 年,为研究初始干燥的土壤在薄层积水条件下的入渗问题,对入渗过程进行了概化和假定。其基本假设是:在入渗过程中,土壤剖面存在明显的水平湿润锋面,将湿润区域和未湿润区域截然分开,湿润区土壤含水率均达到饱和含水率 θ_s,而湿润锋面下缘未湿润区则为初始含水率 θ_0,如图 1-1 所示。由于该模型中的湿润锋面犹如活塞一样向下推进,故又称活塞模型。

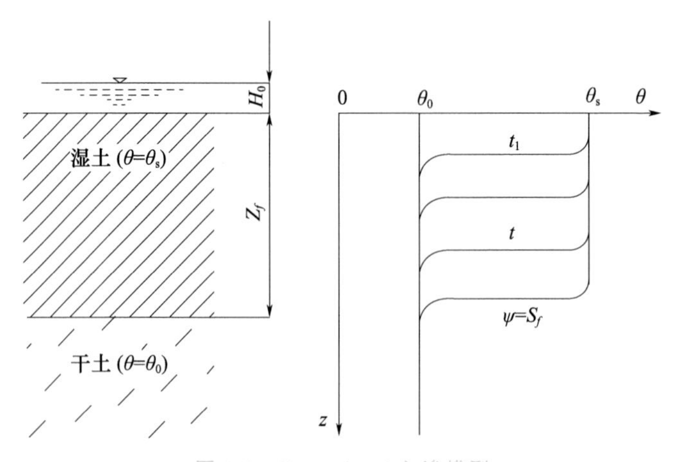

图 1-1 Green-Ampt 入渗模型

Green-Ampt 入渗模型主要研究入渗速率 i、累积入渗量 I 及湿润锋面位置 Z_f 与时间 t 的关系。如图 1-1 所示,假定地表水平,以纵坐标表示埋深 z,向下为正,坐标原点取在地表处,以横坐标表示土壤含水率 θ_0,地表积水深度为 H_0,且不随时间变动。湿润锋面深度为 Z_f,随时间下移。湿润锋面处土壤水吸力为一定值 S_f。地表处($z=0$)的总水势为 H_0,湿润锋面处($z=Z_f$)的总水势为 $-(S_f+Z_f)$,由地表至湿润锋面处的水势梯度为 $\frac{-(S_f+Z_f)-H_0}{Z_f}$。根据达西定律,求出地表处的入渗速率如公式(1-1)所示:

$$i=-K_s\frac{-(S_f+Z_f)-H_0}{Z_f}=K_s\frac{S_f+Z_f+H_0}{Z_f} \tag{1-1}$$

式中:i 为地表入渗速率(m/s);K_s 为饱和导水率(m/s);Z_f 为湿润锋面深度(m);S_f 为湿润锋面处土壤平均水吸力(m);H_0 为地表积水深度(m)。

由于入渗速率 i 与湿润锋面深度 Z_f 均为时间 t 的函数,故按 Green-Ampt 入渗模型基本假定,由水量均衡原理可得到透过地表的累积入渗量 I 和湿润锋面深度 Z_f 的关系如公式(1-2)所示:

$$I=(\theta_s-\theta_0)Z_f \tag{1-2}$$

式中:I 为累积入渗量(m);θ_s 为体积饱和含水率(无量纲);θ_0 为体积初始含水率(无量纲)。

其中,累积入渗量 I 是在 t 时间内由地表处以入渗速率 i 进入的,因此有:

$$I=\int_0^t i\,\mathrm{d}t \tag{1-3}$$

则有：

$$i=\frac{dI}{dt}=(\theta_s-\theta_0)\frac{dZ_f}{dt} \tag{1-4}$$

将公式(1-4)代入公式(1-1)并化简得：

$$\frac{dZ_f}{dt}=\frac{K_s}{(\theta_s-\theta_0)}\cdot\frac{Z_f+S_f+H_0}{Z_f} \tag{1-5}$$

对上式积分并代入初始条件 $t=0$ 和 $Z_f=0$，则有：

$$t=\frac{\theta_s-\theta_0}{K_s}\left[Z_f+(S_f+H)\ln\frac{Z_f+S_f+H_0}{S_f+H_0}\right] \tag{1-6}$$

通过公式(1-2)、公式(1-4)和公式(1-6)，得知参数 K_s、S_f、θ_s、θ_0，便可确定不同时刻 t 的湿润锋面深度 Z_f、累积入渗量 I 和地表处的入渗速率 i。但由于公式(1-6)不能表达成 $Z_f=Z_f(t)$ 的显函数，故只能根据饱和区向下推进的深度按一定的步距 ΔZ_f 列表计算近似值。依据公式(1-4)计算地表入渗速率 i 时，取前后两部的湿润锋面深度之差和对应的时间间隔之比近似代替导数。

1.1.2 Philip 入渗模型

Green-Ampt 入渗模型具有形式简单、无须求解非线性偏微分方程的优点，且物理意义明确，便于建立其特征参数与土壤物理特性间的关系，计算结果也较精确，因此，得到了国内外学者的广泛认同。但由于最初的 Green-Ampt 入渗模型仅适用于土质均匀、初始干燥、表层有薄层积水的入渗问题，并且未明确模型中特征参数的变化范围，导致模型的应用范围十分有限。对此，众多学者根据某些特定条件或试验结果相继对其进行了改进，其中，最常用的为 Philip 入渗模型(菲利普入渗模型)。该模型具有更为简洁的数学形式，参数也同样具有明确的物理意义，较 Green-Ampt 入渗模型适用范围更广、应用更方便。

1957 年，基于入渗问题的偏微分方程，采用计算数学的幂级数解法求得了任意时刻的入渗速率 i 与时间 t 的幂级数关系，并取其前两项近似值。其入渗模型如公式(1-7)和公式(1-8)所示：

$$i=\frac{1}{2}S\cdot t^{-\frac{1}{2}}+A \tag{1-7}$$

$$I=S\cdot t^{\frac{1}{2}}+A\cdot t \tag{1-8}$$

式中：i 为入渗速率(m/s)；I 为累积入渗量(m)；S 为土壤吸湿率($m/s^{0.5}$)；t 为入渗时间(s)；A 为常数(m/s)。

1.1.3 Green-Ampt 入渗模型与 Philip 入渗模型的特征参数关系

Green-Ampt 入渗模型的公式(1-2)、公式(1-4)和公式(1-6)中有两个最重要同时也是最难测定的特征参数,即饱和导水率 K_s 和湿润峰面处土壤平均水吸力 S_f。而 Philip 入渗模型公式(1-7)和公式(1-8)中也有两个重要的特征参数,即土壤吸湿率 S 和常数 A。关于这四个重要特征参数以及它们之间的关系,国内外许多学者都进行了相应研究。

1985 年,提出大毛管特征长度的概念,这一概念为对比分析各种土壤非饱和导水率和扩散率表达式提供了重要手段,同时认为大毛管特征长度 L 等于 S_f,也就是说大毛管特征长度 L 就是概化湿润锋水吸力 S_f 的值。

1987 年,通过对比分析土壤通量密度表达式与大毛管特征长度间的关系,得到了大毛管特征长度 L 与土壤吸湿率 S 之间的关系,如公式(1-9)所示:

$$L = \frac{S^2}{2K_s(\theta_s - \theta_0)} \tag{1-9}$$

式中:θ_0 为土壤初始含水率;θ_s 为土壤饱和含水率;因 $L = S_f$,可得:

$$S^2 = 2(\theta_s - \theta_0) K_s S_f \tag{1-10}$$

公式(1-10)即为 Philip 入渗模型公式中的土壤吸湿率 S 与 Green-Ampt 入渗模型公式中的概化湿润锋水吸力 S_f 和饱和导水系数 K_s 之间存在的简单关系。

1.2 改进降雨入渗模型

综上所述,由于 Green-Ampt 入渗模型形式简单,其特征参数具有明确的物理基础,因而被国内外广泛应用。但由于入渗速率 i、湿润锋面深度 Z_f、累积入渗量 I 均不能表达成时间 t 的显函数而给其应用带来极大的不便。Philip 入渗模型虽然形式简单,特征参数也同样具有一定的物理基础,而且入渗速率 i、累积入渗量 I 均可表达成时间 t 的显函数,但由于 Philip 入渗模型入渗公式实质上只是 Richards 一维垂直入渗偏微分方程(理查兹一维垂直入渗偏微分方程)的级数解取其前二项而得,因此公式具有一定的近似性。更为重要的是,不能由 Philip 入渗模型直接获得人们最为关心的任意时刻湿润锋面所处位置。要知道湿润锋面的位置,仍需要借助 Green-Ampt 入渗模型。因此,这就使得 Philip 入渗模型不能脱离 Green-Ampt 入渗模型而独立存在,给工程应用带来不便。考虑到 Green-Ampt 入渗模型与 Philip 入渗模型各有优缺点,两个模型不仅相互依存,而且特征参数间也相互关联,因此完全可以将两个模型相结合,各取其长,得到一个既可以独立应用,又可以将入渗公式中的入渗速率 i、湿润锋面深度 Z_f、累积入渗量 I 均表达成时间 t 的显函数,从而便于工程应用。

1.2.1 改进的 Green-Ampt 入渗模型

将表达 Philip 入渗模型特征参数 S 与 Green-Ampt 入渗模型特征参数 K_s、S_f、θ_s、θ_0 之间关系的公式(1-10)改写为:

$$S^2=2(\theta_s-\theta_0)K_sS_f=\frac{2K_sS_fI}{\dfrac{I}{\theta_s-\theta_0}} \tag{1-11}$$

将 Green-Ampt 入渗模型中计算累积入渗量的公式(1-2)改写为：

$$Z_f=\frac{I}{\theta_s-\theta_0} \tag{1-12}$$

将 Philip 入渗模型中，计算累积入渗量 I 的公式(1-8)，考虑常数 $A=K_s$ 后代入公式(1-11)的分子，同时将公式(1-12)代入公式(1-11)的分母，则有：

$$S^2=\frac{2K_sS_f(S\cdot t^{\frac{1}{2}}+K_s\cdot t)}{Z_f} \tag{1-13}$$

化简后有：

$$Z_f=\frac{2K_sS_f}{S}\cdot t^{\frac{1}{2}}+\frac{2K_s^2S_f}{S^2}\cdot t \tag{1-14}$$

上述变换将公式(1-11)中分子与分母的同一个累积入渗量 I 分别用两个不同模型的计算值来近似代替，考虑到两个模型描述的是同一个入渗问题，其累积入渗量应该近似相等。

再一次将公式(1-10)代入公式(1-14)并化简得：

$$Z_f=\sqrt{\frac{2K_sS_f}{\theta_s-\theta_0}}\cdot t^{\frac{1}{2}}+\frac{K_s}{\theta_s-\theta_0}\cdot t \tag{1-15}$$

公式(1-15)就是湿润锋面位置 Z_f 随时间 t 的变化规律的显式表达式。

将公式(1-15)代入 Green-Ampt 入渗模型的公式(1-1)，得入渗速率 i 的计算公式，即：

$$i=K_s\left(\frac{S_f+H_0}{Z_f}+1\right)=\frac{S_f+H_0}{\sqrt{\dfrac{2S_f}{K_s(\theta_s-\theta_0)}}\cdot t^{\frac{1}{2}}+\dfrac{1}{\theta_s-\theta_0}\cdot t}+K_s \tag{1-16}$$

再将公式(1-16)两边从 0 到 t 积分，得到累积入渗量 I 的公式，即：

$$I=\int_0^t \mathrm{d}t=2(S_f+H_0)(\theta_s-\theta_0)\ln\left[1+\sqrt{\frac{K_s}{2S_f(\theta_s-\theta_0)}}\cdot t^{\frac{1}{2}}\right]+K_st \tag{1-17}$$

公式(1-15)至公式(1-17)就是本书改进的 Green-Ampt 入渗模型公式，与原 Green-Ampt 入渗模型公式(1-1)、公式(1-2)和公式(1-6)相比，它们已不再是时间 t 的隐式表达式。模型公式改进后，只要知道 Green-Ampt 入渗模型特征参数 K_s、S_f、θ_s、θ_0，便可很快确定任意时刻 t 的入渗速率 i、累积入渗量 I 和湿润锋面深度 Z_f。

1.2.2 改进的 Philip 入渗模型

如将公式(1-15)中的 Green-Ampt 入渗模型特征参数 S_f 重新改用 Philip 入渗模型特征参数 S 表示，即将公式(1-10)代入公式(1-15)得：

$$Z_f = \frac{S}{\theta_s - \theta_0} \cdot t^{\frac{1}{2}} + \frac{K_s}{\theta_s - \theta_0} \cdot t \tag{1-18}$$

将 $A = K_s$ 代入公式(1-7)和公式(1-8)有：

$$i = \frac{1}{2} S \cdot t^{-\frac{1}{2}} + K_s \tag{1-19}$$

$$I = S \cdot t^{\frac{1}{2}} + K_s \cdot t \tag{1-20}$$

公式(1-18)至公式(1-20)就是本研究改进的 Philip 入渗模型公式，与原 Philip 入渗模型公式(1-7)和公式(1-8)相比，内容更为全面。只要知道 Philip 入渗模型特征参数，不仅可以很快确定任意时刻 t 的入渗速率 i、累积入渗量 I，而且还可以很快确定任意时刻 t 的湿润锋面深度 Z_f。

1.2.3 非积水入渗与积水入渗的近似求解方法

图 1-2 为典型降雨中土体入渗速率随时间的变化曲线。降雨初期，由于土体比较干燥，基质吸力较大，土体的入渗能力大于降雨强度，即土体的入渗流量受降雨强度控制。因此，开始入渗后的一段时间内，实际入渗速率即为降雨强度，随着雨水入渗到土体内，土体的入渗能力逐渐下降，在土体的入渗能力开始小于降雨强度时，地面开始积水或形成地表径流。此时，入渗流量受土体的入渗能力控制，只要降雨继续保持大于土体的入渗能力，随着入渗的不断进行，土体的含水量就将逐渐增加并逐渐趋近饱和，此时入渗速率逐渐趋近于一定值，该定值称为土体的稳定入渗速率。整个降雨入渗过程可以分为两个阶段，即降雨强度控制入渗阶段和入渗能力控制入渗阶段，两个阶段以积水点 t_p 作为分界点。根据降雨强度大小及土体渗透系数的大小，将降雨对边坡的影响分为两类模型，即非积水入渗模型与积水入渗模型。

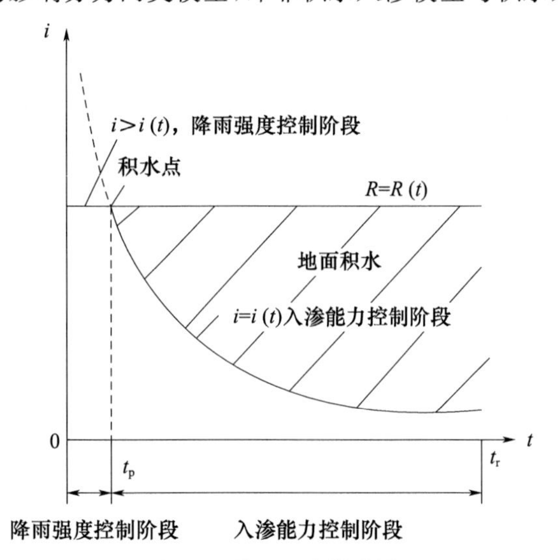

图 1-2 降雨入渗模式图

当降雨强度低于土体的渗透系数时，称为非积水入渗模型，该降雨模型的过程中又可划分为两个阶段，即无压入渗阶段和有压入渗阶段。

无压入渗阶段：在降雨前期，土体渗透能力相对较高，这一阶段称为无压入渗阶段。有压入渗阶段：大量的降雨进入土体中，随着土体含水量升高，入渗速率逐渐降低，当其入渗速率小于降雨强度时，就会在地表产生积水和径流，这一阶段为有压入渗阶段。在理想降雨模型中，所有雨水都可以通过入渗进入土体。

在降雨强度大于土体渗透系数的情况下，地表会产生积水，此时降雨模型为积水入渗模型，这时渗入土体内部的雨量主要取决于土体的渗透系数，与降雨强度大小无关。积水入渗模型求解时的重要参数为积水点的时间，可以通过前文改进的Philip入渗模型计算得出。

本书采用改进的Philip入渗模型求解，由改进的入渗速率公式(1-19)计算得出理论积水点时间，如公式(1-21)所示：

$$t_{pl}=\frac{S^2}{4(R-K_s)^2},\quad R>K_s \tag{1-21}$$

式中：t_{pl} 为实际积水点时间(s)；S 为土壤吸湿率$(m/s^{0.5})$；K_s 为饱和导水率(m/s)；R 为雨量(mm/d)。

到达理论积水点时，由于土壤实际入渗的水量要小于理论计算的累积入渗量，因此，地面实际未形成积水。只有当表层土壤实际入渗的水量达到理论计算的累积入渗量时，地面才开始积水。故实际积水点时间 t_p 由公式(1-22)确定：

$$t_p=I_{pl}=St_{pl}^{\frac{1}{2}}+K_st_{pl} \tag{1-22}$$

式中参数与前文相同。

两式联立求得实际积水点为：

$$t_p=\frac{(2R-K_s)S^2}{4R(R-K_s)^2} \tag{1-23}$$

1.3 模型建立与模拟工况

1.3.1 研究区域选取

黄壁庄水库左岸从水库非常溢洪道入至平山县刘杨村约30 km范围内，该段土质岸坡受风浪侵蚀及雨洪影响，侵蚀十分严重，部分岸坡自建库以来岸坡坍塌宽度达100 m以上，目前仅与附近村庄距离数十米。本次选择黄壁庄水库侵蚀严重的北部与东北部两处岸坡作为研究对象，岸坡位置如图1-3所示。

研究区域1为黄壁庄水库北岸张家庙至刘杨村段(以下简称张—刘村段)，约

14700 m 长的黄土岸坡，岸坡形状和位置如图 1-3 所示。这段岸坡黄土状壤土分布较广，土层厚度较大。由于黄土状壤土抵抗水力侵蚀能力相对较差，受水库波浪冲刷影响，岸坡多呈直立坡或倒坡，风浪力侵蚀十分明显，其塌岸最大直坎高度近 10 m。岸坡侵蚀实拍如图 1-4a 所示。

研究区域 2 为黄壁庄水库东岸王角村段岸坡，岸坡长度约 4750 m。该段库岸冰碛泥砾土层分布较广，上覆 2～3 m 壤土覆盖层。该段岸坡多为陡坎，外露土层为红土卵石，水库蓄水后在风浪冲刷作用下呈直立坡，水力侵蚀现象明显，最大直坎高度近 8 m。岸坡侵蚀实拍如图 1-4b 所示。

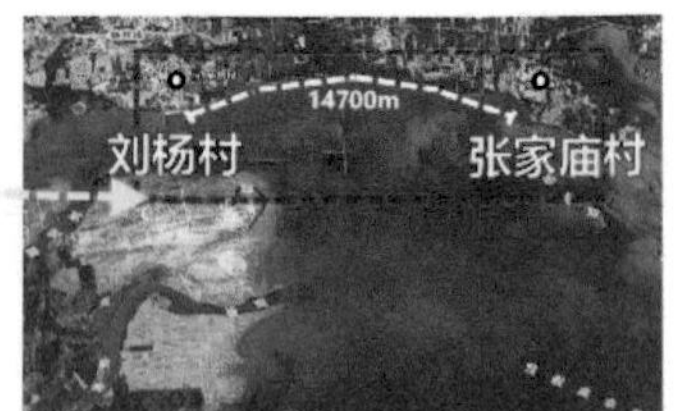

张—刘村段岸坡

王角村段岸坡

图 1-3　研究区域岸坡位置

(a) 张—刘村段岸坡实拍图

(b) 王角村段岸坡实拍图

图 1-4　研究区域岸坡实拍图

1.3.2 降雨工况设计

中国气象局颁布的降雨强度等级划分标准如表 1-1 所示。根据石家庄市国家站以及区域站降雨资料，石家庄市暴雨频次分布不均，年际变化大，部分年份存在极端降水情况[50]。2023 年 7 月 29 日至 8 月 1 日，受冷暖空气和台风“杜苏芮”共同影响，京津冀地区出现一轮历史罕见的极端暴雨事件，雨量分布如图 1-5 所示。这次极端降雨事件具有雨量大、极端性强、影响范围广的特点，其中，石家庄等地雨量达到 400 mm 及以上地区面积超过 $1\times10^4\ km^2$[51]。

为了更好地分析水库岸坡在不同降雨强度下，特别是极端降水工况下的稳定性，本研究设置了 8 种不同的降雨强度：10 mm/d(小雨)、20 mm/d(中雨)、40 mm/d(大雨)、80 mm/d(暴雨)、150 mm/d(大暴雨)、250 mm/d(特大暴雨)、350 mm/d(特大暴雨)、400 mm/d(特大暴雨)。降雨时间为 24 h(1 d)，模拟时间为 120 h(5 d)。

表 1-1 降雨强度等级

项目	24 h 降水总量/mm	12 h 降水总量/mm
小雨、阵雨	0.1～9.9	≤4.9
小雨至中雨	5.0～16.9	3.0～9.9
中雨	10.0～24.9	5.0～14.9
中雨至大雨	17.0～37.9	10.0～22.9
大雨	25.0～49.9	15.0～29.9
大雨至暴雨	33.0～74.9	23.0～49.9
暴雨	50.0～99.9	30.0～69.9
暴雨至大暴雨	75.0～174.9	50.0～104.9
大暴雨	100.0～249.9	70.0～139.9
大暴雨至特大暴雨	175.0～299.9	105.0～169.9
特大暴雨	≥250.0	≥140.0

不同类型的降雨会导致岸坡产生不同的响应和稳定性表现。为了探讨雨型对岸坡稳定性的影响，本次选择平均型、前峰型、中峰型和后峰型四种降雨类型进行对比分析。各降雨事件均持续 24 h，且总雨量相同，各降雨事件的降雨历程线如图 1-6 所示。通过比较这些不同类型的降雨，可以更深入地理解和评估岸坡在不同水文条件下的稳定性表现，为工程设计和防灾减灾提供理论支持和实际指导。

1.3.3 岸坡模型建立

(1)几何模型与网格划分。选取张家庙至刘杨村段岸坡的一个典型剖面作为算

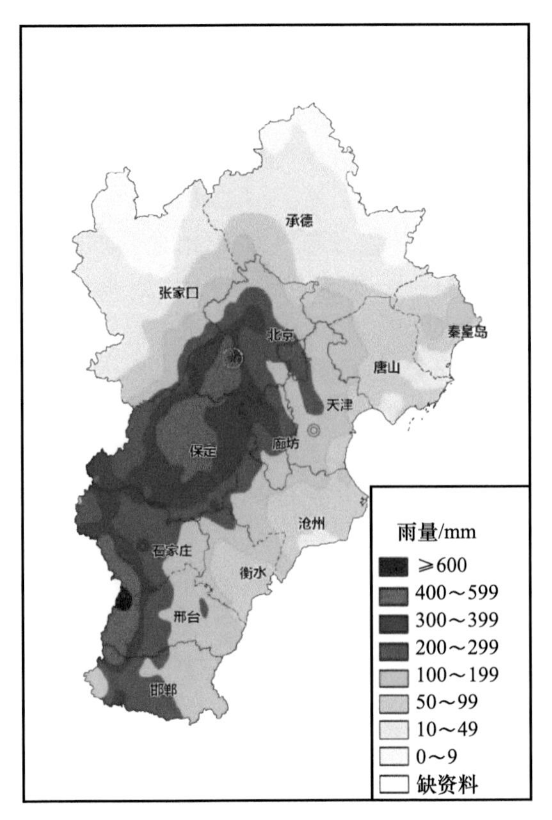

图 1-5　京津冀地区极端暴雨期间雨量分布图

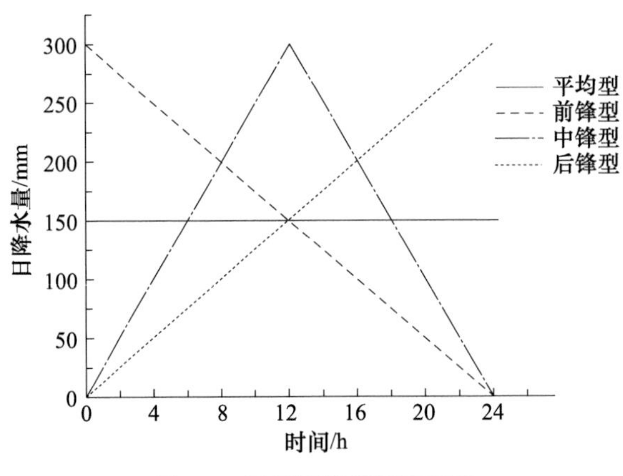

图 1-6　不同雨型降雨历程线

例，建立二维岸坡模型。采用四边形与三角形网格划分网格单元，网格大小为 0.5 m，建立的模型共有 8956 个网格单元与 9153 个节点。岸坡模型与网格划分如图 1-7 所示。

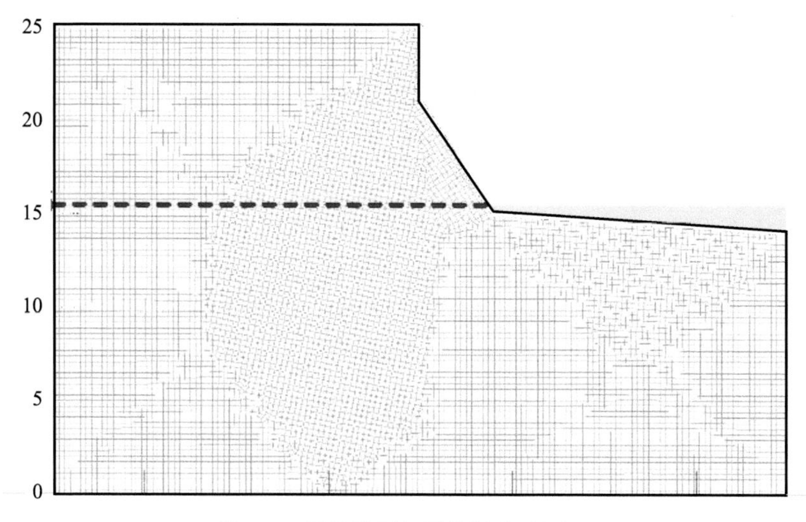

图 1-7 岸坡模型与网格划分(单位:m)

(2)岸坡材料及参数。对边坡稳定性的数值模拟,需要土体的重度、内聚力、内摩擦角和弹性模量等参数。考虑到土体的非饱和特性,需要确定土层的土水特征曲线和渗透系数函数,本研究使用各层土体的饱和渗透系数和饱和体积含水率,通过 Van-Genuchten 模型(范格纽钦模型)进行拟合。参考相关文献[52-54]确定数值模拟所需的各岩土体的物理力学参数和土体的水力学特性参数见表 1-2,拟合得到土体的土水特征曲线和渗透系数函数曲线,如图 1-8 所示。

表 1-2 水库岸坡土体参数[52-54]

项目	饱和渗透系数/(m/s)	黏聚力/kPa	内摩擦角/°	单位重量/(kN/m^3)	平均粒径/m
黄土	4.3×10^{-6}	16.0	26.4	18.0	1.6×10^{-5}
红土	3.5×10^{-6}	32.9	12.7	24.3	6.5×10^{-6}

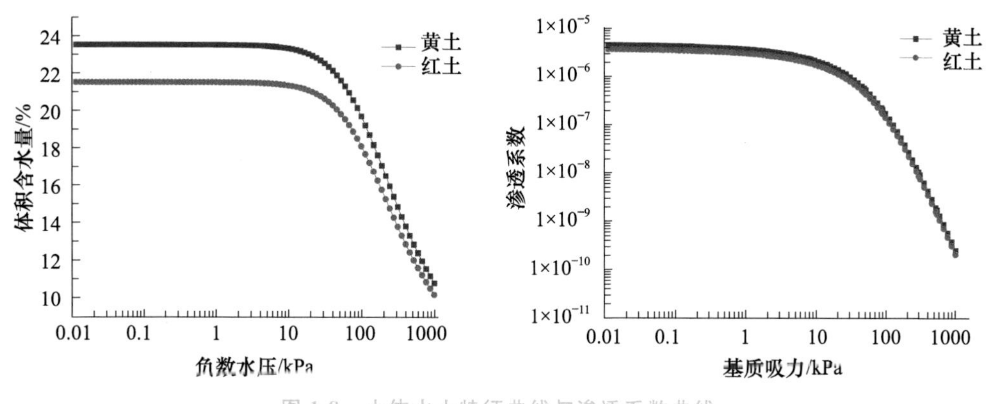

图 1-8 土体水土特征曲线与渗透系数曲线

(3)边界条件与初始条件。根据土壤饱和渗透系数判断不同降雨强度下岸坡的积水情况,将岸坡分为非积水入渗模型与积水入渗模型。当降雨强度小于土壤的饱和渗透系数(371.52 mm/d)时,理想条件下所有雨水均能入渗,采用非积水入渗模型进行计算。

当降雨强度为400 mm/d时,降雨强度大于土壤的饱和渗透系数,可能会产生积水。土壤吸湿率S由公式(1-23)的积水点,如公式(1-24)所示计算:

$$\begin{aligned} S &= \sqrt{2K_s S_f(\theta_s - \theta_0)} \\ &= \sqrt{2 \times 4.3 \times 10^{-6} \times 0.0041 \times (0.4 - 0.353)} \\ &= 4.07 \times 10^{-5} \end{aligned} \tag{1-24}$$

使用公式(1-23)计算积水时间,降雨强度$R = 400\ \text{mm/d} = 4.63 \times 10^{-6}\ \text{m/s}$,得积水点时间$t_p$为:

$$t_p = \frac{(2R - K_s)S^2}{4R(R - K_s)^2} = \frac{(2 \times 4.63 \times 10^{-6} - 4.3 \times 10^{-6})(4.07 \times 10^{-5})^2}{4 \times 4.63 \times 10^{-6}(4.63 \times 10^{-6} - 4.3 \times 10^{-6})^2} = 8787\ \text{s}$$

SEEP/W模块中有两类边界条件,第一类边界条件是边界上动态水头为已知条件,即水头边界;第二类边界条件是边界上单宽流量Q、通量q或水力坡度为已知条件,即流量边界[55]。模型边界设置如图1-9所示。

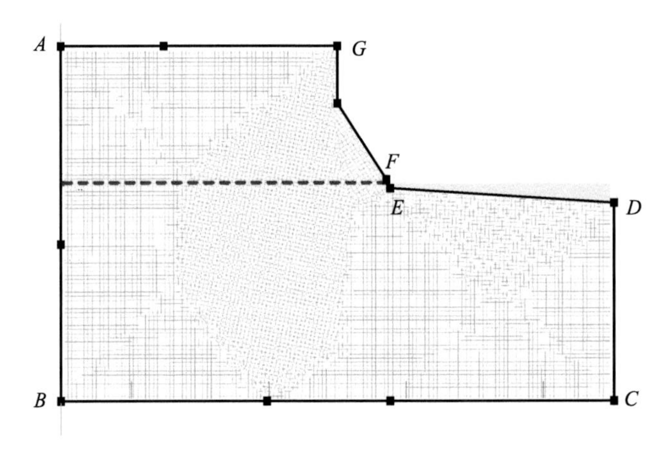

图1-9　边界条件设置

边界F-E-D设置为11 m的水头边界,模拟库水位。模型的左侧(A-B)、右侧(D-C)、下侧(B-C)三边设置不透水边界。

在非积水入渗条件下,前24 h降雨时,边界A-G-F设置与降雨强度相对应的单位流量边界,流量大小为10 mm/d、20 mm/d、40 mm/d、80 mm/d、150 mm/d、250 mm/d、350 mm/d,24～120 h设置零流量边界。

在积水入渗条件下,积水点(8787 s)前,边界A-G-F设置与降雨强度相对应的单位流量边界(400 mm/d);8787 s到24 h边界设置为0.01 m的水头边界,模拟积水条件下的渗入情况，24～120 h 设置零流量边界。

首先，使用 SEEP/W 稳态模拟来确定岸坡的初始情况，由此得出岸坡在最初状态下未受外界因素影响时的渗流分布和水位分布信息。接着，以此为初始条件进行 SEEP/W 瞬态模拟，模拟不同时间段内的降雨入渗和排水过程，得出岸坡不同时刻的渗流情况。

SLOPE/W 模块可以基于 SEEP/W 瞬态模拟的结果，进行岸坡稳定性分析。通过考虑岸坡的材料特性、地下水位、土壤力学参数等因素，计算出岸坡在不同时间段的稳定性系数。

1.4 结果与讨论

1.4.1 网格独立性验证

模型的精度和稳定性主要取决于时间步长和网格间距的比值，即当空间步长减少时，应同时减少时间步长。在保证计算精度的情况下，空间网格点的数目应尽可能少取，以提高计算效率。为保障计算精度，进行网格独立性验证，设定网格大小为 0.1 m、0.5 m、1.0 m，在降雨强度为 150 mm/d 条件下进行模拟。安全系数相对误差的计算如公式(1-24)所示：

$$RE_{FS}=\frac{1}{N}\sum_{i=1}^{N}\left|\frac{S_{1i}-S_{2i}}{S_{2i}}\right| \tag{1-25}$$

式中：RE_{FS} 为安全系数相对误差；S_{1i} 和 S_{2i} 分别为网格大小 0.1 m 和 0.3 m 时的安全系数值。

岸坡安全系数模拟结果如图 1-10 所示。通过计算得出，不同计算时刻网格大小

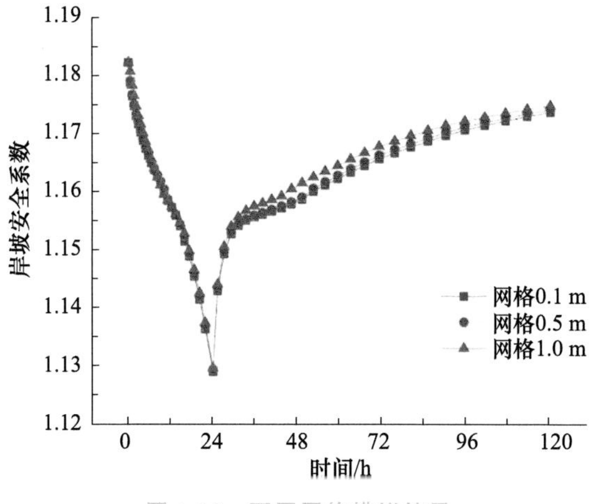

图 1-10 不同网格模拟结果

为 0.1 m 与 0.5 m 时计算的安全系数相对误差为 0.042%，误差较小；而网格大小为 1.0 m 时，相对误差大小为 0.244%，误差较大。通过图 1-8 对比可知，网格大小为 0.5 m 时计算结果偏差较小，而网格大小为 1 m 时会有较大偏差。由此可见，模拟网格大小设置为 0.5 m 时可以准确地模拟岸坡稳定性的变化过程。

1.4.2 降雨强度的影响

(1)岸坡渗流。不同降雨强度下，岸坡顶部中点处土壤含水率的变化如图 1-11 所示。可以看出，岸坡渗流与降雨强度有关，降雨强度较大时，岸坡土壤含水量上升较快，更容易达到饱和。

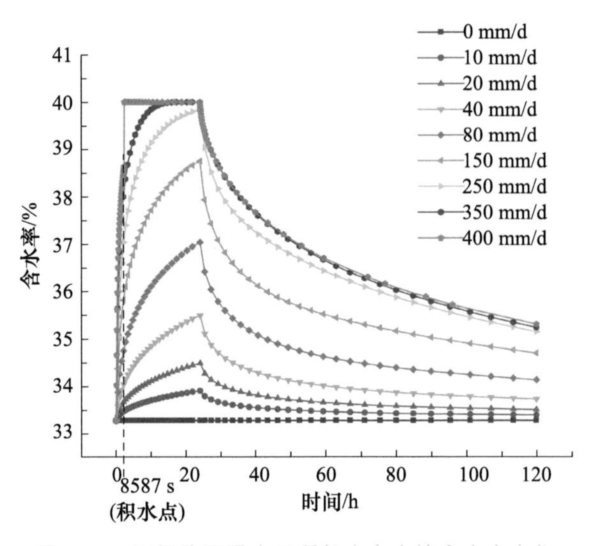

图 1-11　不同降雨强度下顶部中点土壤含水率变化

在 400 mm/d 的降雨强度下，特别需要注意的是，在 8587 s 时土壤含水率有突变，这是由于软件使用水头边界模拟积水时，表层会自动设置为饱和状态，而在实际情况下积水产生时，上层土壤还未完全饱和。

降雨强度为 150 mm/d 和 400 mm/d 时，土壤含水率的分布如图 1-12 和图 1-13 所示。

图 1-12 和图 1-13 中土壤含水率分布随时间的变化反映了降雨对土壤水分的影响。通过观察土壤含水率变化图，可以判断土壤是否接近或达到饱和状态。蓝色矢量箭头表示孔隙水流方向。当降雨开始时，土壤含水率迅速上升。土壤含水率达到一定值时，土壤处于饱和状态，无法再吸收更多的水分。降雨停止后，岸坡土体内的雨水通过水库排出，土体的体积含水率逐渐恢复至初始状态。

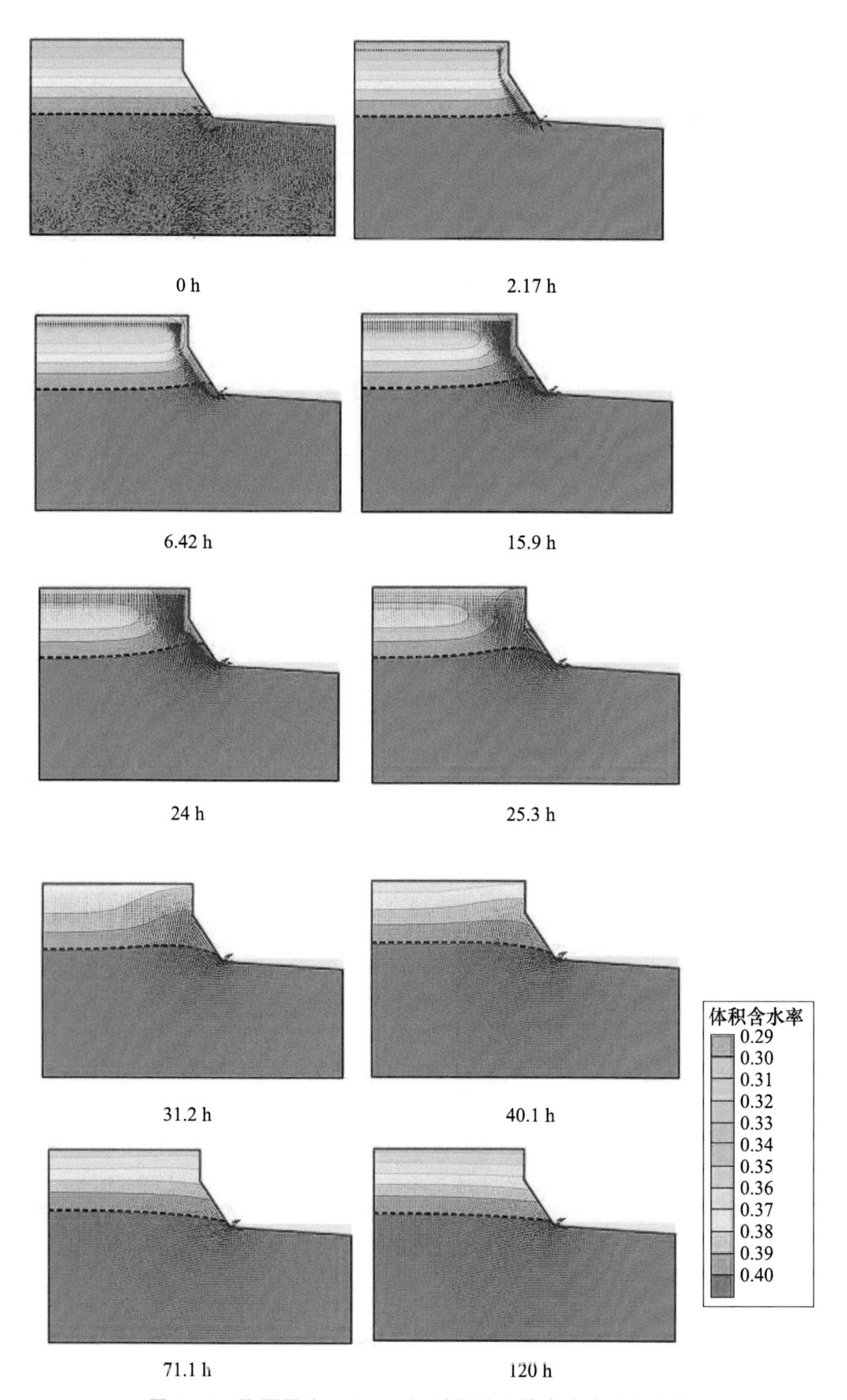

图 1-12　降雨强度 150 mm/d 时岸坡土壤含水率分布变化

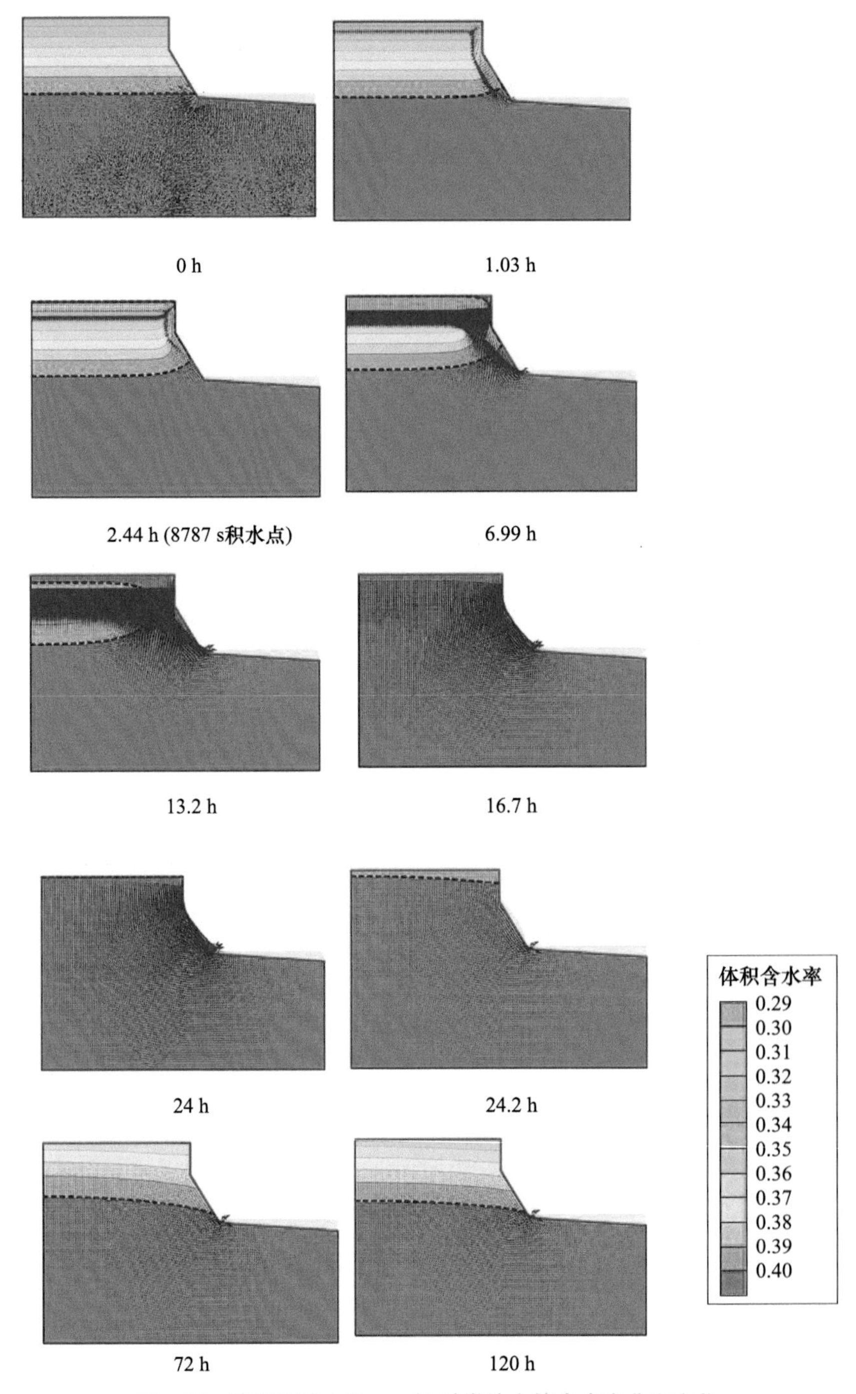

图 1-13　降雨强度 400 mm/d 时岸坡土壤含水率分布变化

由图 1-12 可知，降雨开始前，岸坡处于稳定状态，岸坡内部渗流分布均匀，各个方向渗流均存在。降雨开始后，降雨向岸坡内部入渗，主要渗流方向为从岸坡坡面向内，此时岸坡内土壤含水量逐渐升高，地下水位线开始上升。降雨持续 24 h 后，岸坡内部土壤含水量已经升高近 10%，同时地下水位线已明显升高，高于水库水位。降雨停止后，主要渗流方向为由岸坡内到岸坡外，岸坡排水，水位线逐渐下降，逐渐与水库水位线持平。

图 1-13 中降雨强度为 400 mm/d 时，岸坡渗流表现出相同的趋势。降雨开始后，岸坡渗流方向主要为由岸坡向内，到达积水点时实际岸坡并未达到饱和，但软件在模拟积水时会自动将表层设定为饱和状态。之后，降雨与积水持续入渗，在 16.7 h 时，岸坡土体达到完全饱和状态，此状态在自然降雨下很难达到，此时岸坡极不稳定。降雨停止后，岸坡水分排出，水位线逐渐下降，岸坡稳定性逐渐回升。

与图 1-12 中降雨强度为 150 mm/d 时的情况相比，图 1-13 中降雨强度为 400 mm/d 的土壤含水率的上升速度更快，并且达到了更高水平。需要注意的是，当降雨强度为 400 mm/d 时，土体可以达到全部饱和状态，这会导致水分滞留和排水困难。这种情况下岸坡极不稳定，应采取排水措施来避免土壤过饱和及滑坡等风险。

(2)岸坡稳定性。《滑坡防治工程勘查规范》(GB/T 32864—2016)规定的边坡安全系数与稳定性的关系如表 1-3 所示。不同降雨强度对岸坡稳定性的影响如图 1-14 所示。

表 1-3 边坡稳定性等级与安全系数的关系

稳定性等级	不稳定	欠稳定	基本稳定	稳定
安全系数	$Fs \leqslant 1$	$1 < Fs \leqslant 1.05$	$1.05 < Fs \leqslant 1.15$	$Fs > 1.15$
失稳概率	$P_i = 1$	$0.8 \leqslant P_i < 1$	$0.2 < P_i < 0.8$	$P_i = 0.2$

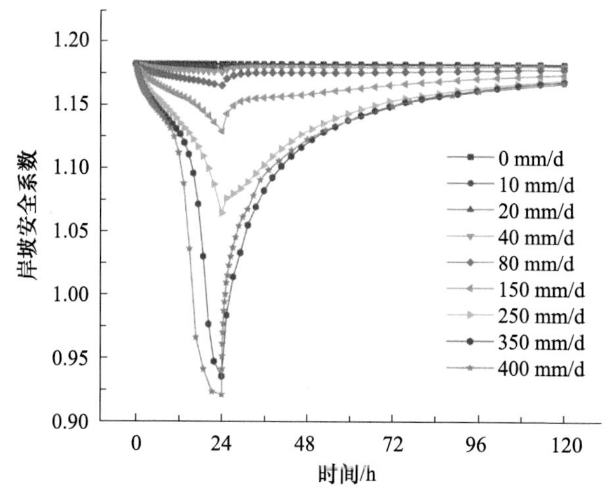

图 1-14 不同降雨强度下岸坡安全系数变化

根据图 1-14 的模拟结果,发现初始时岸坡的稳定系数为 1.155,表示岸坡处于稳定状态。在持续降雨的 24 h 内,随着雨水入渗,岸坡的安全系数不断下降,说明岸坡的稳定性逐渐减弱。当降雨结束后,排水过程开始,岸坡的安全系数慢慢回升,逐渐恢复到初始状态。需要注意的是,降雨强度较大时,岸坡的安全系数下降速度较快,相应地,降雨结束后的恢复过程也较为缓慢。特别是在降雨强度达到 250 mm/d 时,岸坡的安全系数将下降至 1.05,此时岸坡处于欠稳定状态,岸坡的失稳概率较高。如果降雨强度超过 250 mm/d,岸坡的安全系数将进一步下降至 1 以下,这意味着岸坡将发生塌陷现象,存在严重的安全隐患。

根据模拟结果分析,降雨对岸坡稳定性产生显著影响。在较大降雨强度下,岸坡的稳定性会受到严重威胁,需要采取相应的防护措施和监测措施,以确保岸坡的安全性和稳定性。

1.4.3 降雨类型的影响

(1)岸坡渗流。不同降雨强度下,岸坡顶部中点处土壤含水率的变化如图 1-15 所示。

在降雨初期,所有雨型下的土壤含水率都呈现出快速上升的趋势。这是因为雨水开始入渗到土壤中,导致土壤中的水分含量迅速增加。从图 1-15 中可以看出,前锋型降雨在初期具有较高的降雨强度,导致雨水入渗速度较快,使其初期的土壤含水率上升速度最快。

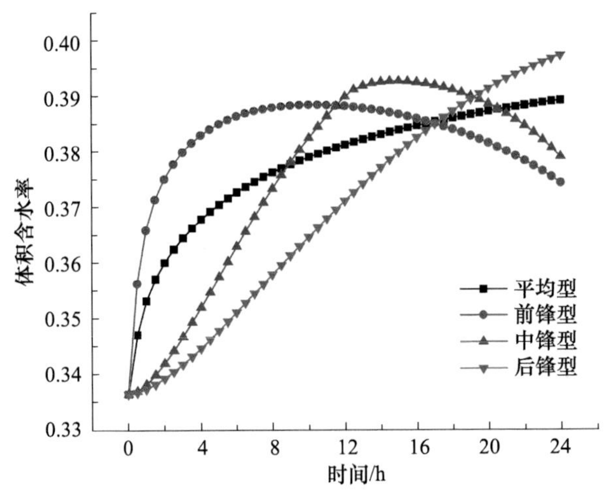

图 1-15　不同雨型工况岸坡顶部中点土壤含水率变化

随着降雨的持续,不同雨型下的土壤含水率变化开始呈现出差异。其中,平均型和中峰型降雨的土壤含水率增长相对平稳,没有出现明显的波动。虽然前锋型降雨在中期土壤含水率仍然保持上升趋势,但增速开始放缓,这可能是因为降雨强度降低以及土壤逐渐达到或接近饱和状态，雨水入渗速度减慢。后峰型降雨在中期土壤含水率增长相对较慢，但随着时间的推移，其土壤含水率开始加速上升，这是因为后峰型降雨在后期具有较高的降雨强度，导致土壤含水率快速增加。

在降雨后期，不同雨型下的土壤含水率都趋于稳定，这是因为土壤已经达到了饱和状态，无法再吸收更多的水分。从图1-15中可以看出，在平均型和后峰型降雨下，岸坡土体入渗量大于排水量，岸坡土壤含水量继续上升，且接近饱和。前锋型和中峰型降雨下，后期岸坡土体排水量大于降雨入渗量，岸坡的土壤含水率开始下降。

综上可知，雨量分布对岸坡渗流有着明显的影响作用，不同雨型渗流过程存在着显著差别。前锋型降雨在初期具有较高的降雨强度，导致土壤含水率快速上升，但后期增速放缓，最终稳定值相对较低。后峰型降雨在初期降雨强度较低，导致土壤含水率增长较慢，但后期随着降雨强度的增加，土壤含水率开始加速上升，最终稳定值也较高。平均型和中峰型降雨的土壤含水率变化相对平稳，没有出现明显的波动，最终稳定值也处于中等水平。

(2)岸坡稳定性。在不同雨型工况下，图1-16给出了岸坡安全系数的变化趋势，反映了岸坡在不同降雨情形下的安全系数波动，结果有助于评估岸坡在不同水文条件下的稳定性及其风险水平。通过分析不同雨型对岸坡稳定性的影响，可以深入理解在降水事件发生时岸坡的响应情况。

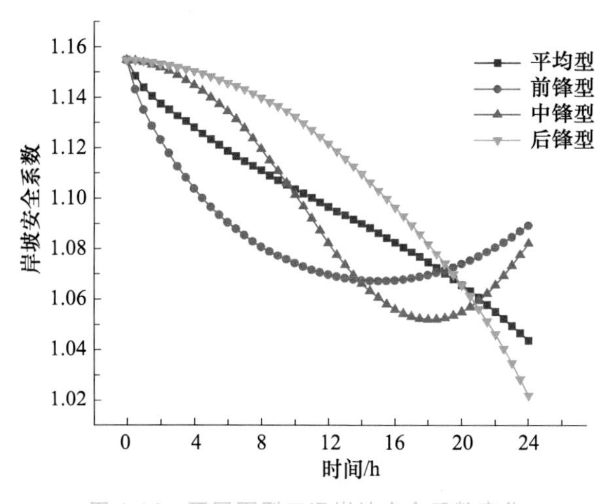

图1-16　不同雨型工况岸坡安全系数变化

由图1-16可知，不同雨型对岸坡安全系数的影响有显著差异。平均型降雨作用下，岸坡的安全系数持续下降，该曲线在整个时间段内比较稳定，这也表明平均型降雨对岸坡的影响较为均匀。前锋型降雨作用下，岸坡安全系数在降雨初期迅速下降，岸坡稳定性迅速降低，这表明初期的高强度降雨对岸坡稳定性产生了显著的不利影响，后期随着降雨强度的减弱，岸坡中水分逐渐排出，岸坡安全系数逐渐升高，岸坡稳定性逐渐增强。中峰型降雨的特点是降雨强度在中期达到峰值，中峰型降雨对应的安全系数在降雨中期变化速率最快,之后随着降雨强度减弱,岸坡水分排出,岸坡稳定性变化减慢,岸坡的安全系数在这个时间段内最小,岸坡稳定性最差。后锋型降雨后期安全系数下降很快,岸坡稳定性急剧下降。

需要注意的是,中锋型降雨与前锋型降雨在岸坡稳定性恢复过程中表现出不同的特征,中锋型降雨的稳定性系数恢复速率更快,但最终的安全系数仍然低于前锋型降雨。这可能是在安全系数开始回升时,岸坡土体含水量较高,使得岸坡的稳定性对降雨的变化更为敏感。而中锋型降雨在降雨强度快速降低时表现出极快的变化速率,因此,相比之下,中锋型降雨岸坡稳定性系数的变化速率更快。前锋型降雨作用下,安全系数回升时间较长,最终安全系数也较高。

由此可见,在相同的降雨总量下,雨强峰值出现时间的先后顺序对边坡稳定性具有显著影响。当降雨过程中早期出现雨强峰值时,边坡的安全系数往往较早开始下降,这可能与早期强降雨引发的水力作用和土体饱和度快速增加有关,但后期随着土壤含水率下降,岸坡稳定性逐渐恢复。

相比之下,较晚出现雨强峰值的降雨类型对边坡稳定性的不利影响更为显著。雨强峰值在后期出现时,边坡的安全系数虽然可能会晚一些开始下降,但由于前期降雨入渗已经导致岸坡不稳定,岸坡安全系数下降会更多,使得边坡稳定性受到更大威胁,从而导致引发地质灾害的风险增加[56]。

第2章　水库水位变化对岸坡稳定性的影响

2.1　模拟工况确定

黄壁庄水库部分年份月水位平均数据如图2-1所示。黄壁庄水库多年监测显示，其水位变化呈现出明显的季节性规律。每年的2—3月水位达到年度的最高值，而6—7月则为最低水位时段。在5—7月，水库进入枯水期，为了防止洪水，需要维持较低的水位运行。

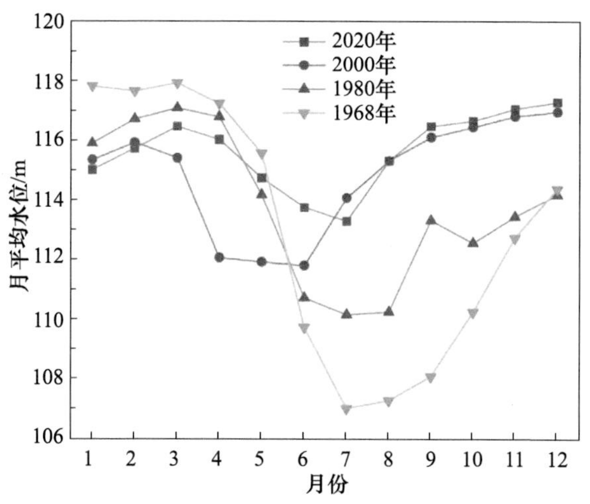

图2-1　黄壁庄水库部分年份月平均水位变化

黄壁庄水库的水位变化相对稳定，通过2000年的记录可知，其最低水位为109.70 m，最高水位达到121.18 m。这段时间内，每年内水位变化的最大幅度为9.13 m，平均则为5.35 m；而相邻月份内水位的最大差异为4.62 m。

以张家庙至刘杨村段的岸坡作为研究区域进行模拟，其底部高程约为115 m，顶部高程为125 m。考虑到缺乏详细的水位变化数据，设定了简化的水位升降模拟方案。在枯水期前，岸坡水位从121 m下降至116 m；在枯水期后，岸坡水位从116 m上升至121 m。设定了不同的水位变化速率，分别为0.5 m/d、1.0 m/d、2.0 m/d，总模拟时长为10 d。这些速率代表了不同水位变化的快慢程度，涵盖了从缓慢变化到较快变化的范围,选择不同的速率用以考察岸坡在不同变化速率下的渗流和稳定性变化情况。

岸坡模型与边界条件设置如图 2-2 所示。模拟时设定岸坡近水侧 A-B-C 边界条件为水位变化对应的变化水头,其他边界条件不变。

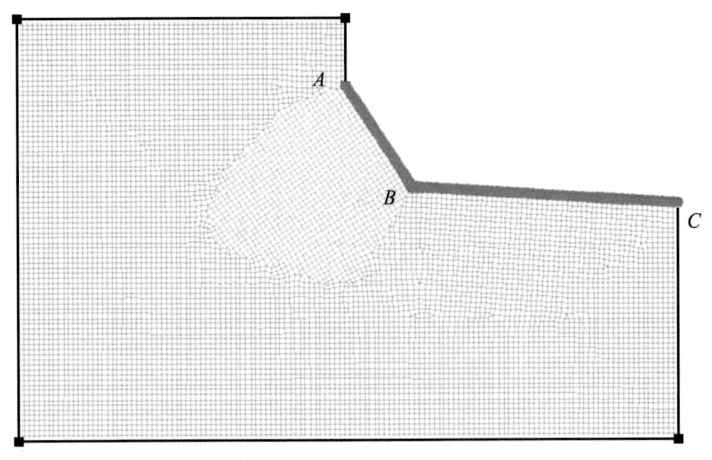

图 2-2　岸坡模型与边界条件设置

2.2　结果与分析

2.2.1　岸坡渗流

水库水位上升过程中,水分在岸坡中的运移会对黄土水力特征产生影响,图 2-3 至图 2-5 为水位上升与下降过程中岸坡内的水头变化。

在初始状态下,岸坡内水位线与库水位齐平,处于稳定状态。在岸坡水位上升的过程中,水库水位线的升高会带动岸坡内部地下水位线上升,但坡面内地下水位线的变化速率并不会与库水位的变化完全同步,存在一定的滞后效应,导致了水在重力作用下沿着坡面向坡体内渗透,进而增加了入渗路径曲线的斜率。因此,坡面上分布的压力水头趋势线逐渐变得更为密集,坡面内部的水头线变得疏松。同时,压力水头的差异会导致坡体内部孔隙水压力不同,进而影响到岸坡的稳定性。当水库水位下降时,水位线同样会表现出滞后性,进一步影响岸坡的稳定性。

对比图 2-4 与图 2-5 可知,水位下降速率越快,岸坡内水位变化的滞后性越为明显,其对岸坡稳定性的影响也越大。水位上升时,地下水滞后效应对维持河岸稳定具有积极作用,有助于维持岸坡的稳定性。在水位下降的过程中,地下水滞后效应可能会导致河岸稳定性减弱。究其原因可能是由于坡体内的水位变化速率未能及时跟随库水位降低,土体受到向外的水压。综上所述,水位变化对岸坡稳定性的影响是一个动态过程,水位变化的速率和滞后效应都会对岸坡的稳定性产生影响。

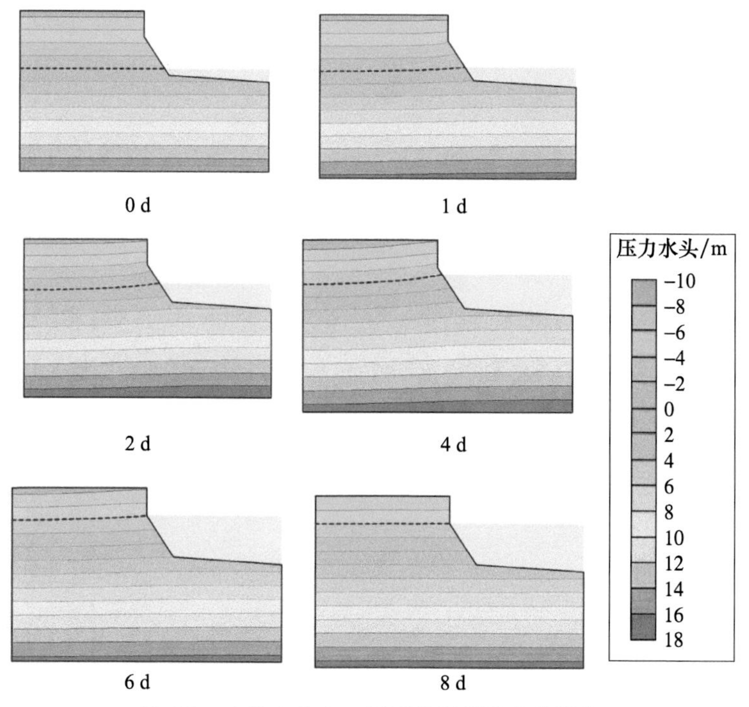

图 2-3 水位上升 1 m/d 工况下岸坡水头变化

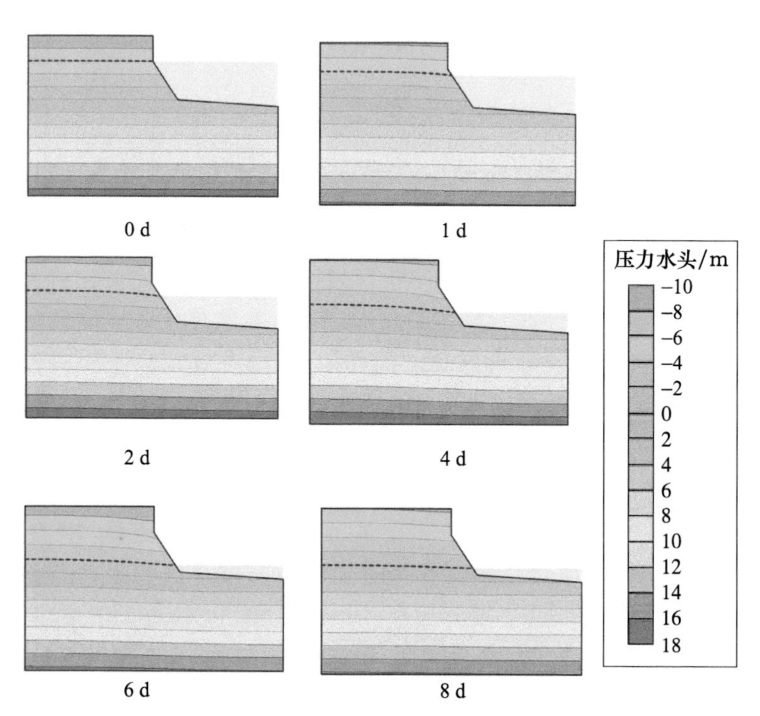

图 2-4 水位下降 1 m/d 工况下岸坡水头变化

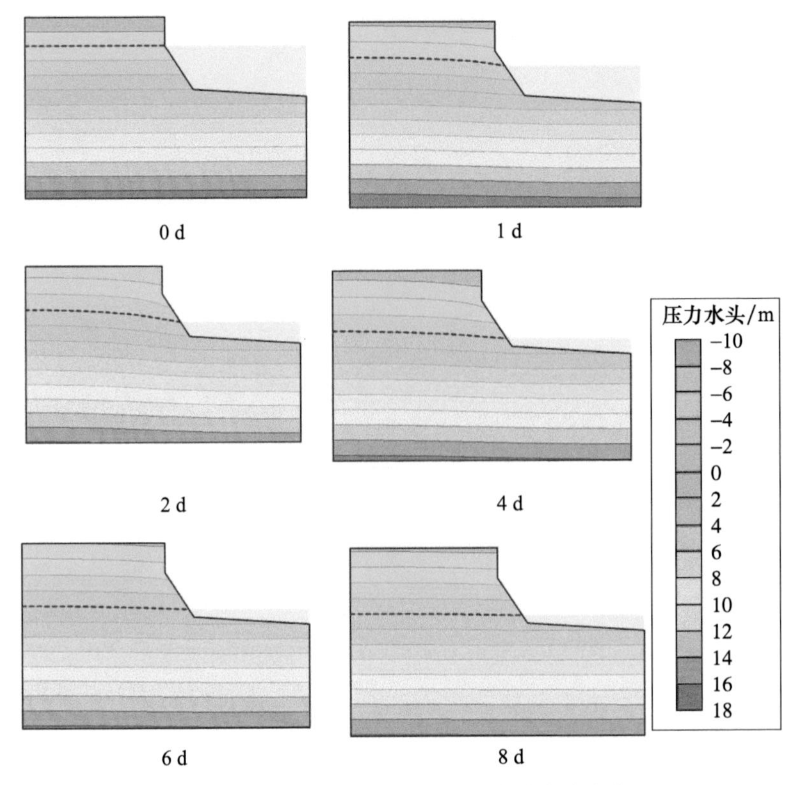

图 2-5　水位下降 2 m/d 工况下岸坡水头变化

2.2.2　岸坡稳定性分析

水位上升时,岸坡稳定性系数的变化如图 2-6 所示。当水位上升时,岸坡稳定性系数通常会不断增加。这种增加主要归于岸坡内部的渗流方向朝向内部,这一现象有助于增强岸坡的稳定性。在水位升高的情况下,渗流通过岸坡向内部发生,形成一种稳定性的增强机制。这种内部渗流的作用,可以有效减少土块滑落,同时也可以减少岸坡表面的水力冲击和侵蚀效应,有助于维持岸坡结构的稳定性和长期可靠性。当水位稳定后岸坡安全系数会逐渐下降至正常值。

水位下降时,岸坡稳定性系数的变化如图 2-7 所示。水位下降时岸坡稳定性系数快速下降,在水位下降过程中,地下水位的下降滞后于河道水位,岸坡内产生指向坡面方向的渗流,不利于岸坡稳定;同时,岸坡内的孔隙水压力来不及消散,而岸坡外的静水压力下降较快,形成了较大的超孔隙水压力,也不利于岸坡稳定。水位下降速度越快,岸坡稳定性降低速度也越快,岸坡崩岸风险越大。

此外,随着水位的持续降低,岸坡稳定性系数下降速度会越来越慢,随后安全系数回升。其主要是由于随着水位的下降,岸坡上方土体水分排出,土体的自重减小,对下方土体的挤压作用也随之减小，则岸坡的稳定性得到改善。

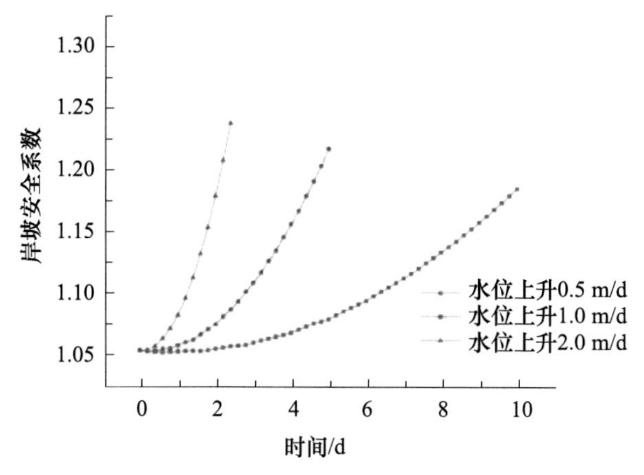

图 2-6　不同水位上升速率工况下岸坡安全系数变化

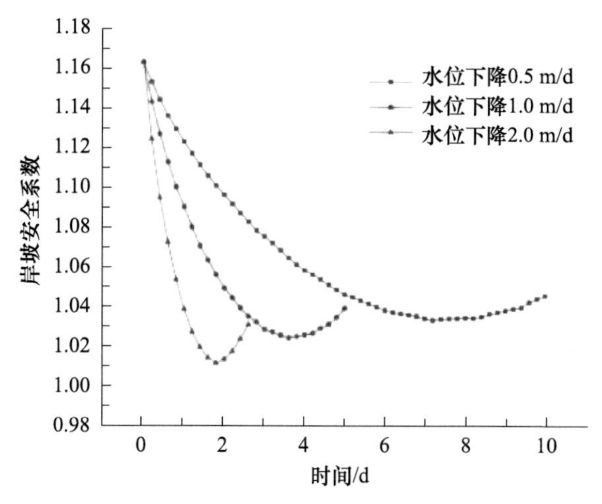

图 2-7　不同水位下降速率工况下岸坡安全系数变化

第3章 风浪和降雨因素作用下岸坡侵蚀与稳定性研究

3.1 岸坡风浪侵蚀计算模型

3.1.1 风浪侵蚀理论计算

风浪侵蚀是指水库岸坡脚和近岸床面上受到风浪作用而发生的侵蚀现象。在进行计算时，需要先获取相关风速场参数和水库岸坡数据，这些数据包括风速、风向、吹程、水库尺寸和深度、岸坡形状、结构和材质等。

计算风浪侵蚀力与岸坡抗侵蚀力间的关系，可以得出岸坡坡脚的侵蚀过程。风浪侵蚀力取决于多个因素，包括波浪的能量、波浪的冲击力、波浪的磨蚀力等。岸坡抗侵蚀力则与岸坡的材料特性、坡型和结构、植被覆盖、降雨等有关。通过比较风浪侵蚀力和岸坡抗侵蚀力，可以评估岸坡坡脚侵蚀程度和速度[31,57]。

(1)风浪参数计算。风速场的计算参考《碾压式土石坝设计规范》(SL 274—2020)给出的经验公式进行。黄壁庄水库属平原大型水库，且风区长度 6000 m，根据规范使用莆田实验站公式(以下简称莆田公式)进行风浪场计算。莆田公式是一个经验公式，由南京水利科学研究院基于莆田海堤试验站多年观测资料整理而成。

通过莆田公式(3-1)计算风浪产生的平均水波高 h_i：

$$\frac{gh_i}{u_i^2}=0.13\tanh\left[0.7\left(\frac{gH_i}{u_i^2}\right)^{0.7}\right]\tanh\left\{\frac{0.0018\left(\frac{gD}{u_i^2}\right)^{0.45}}{0.13\tanh\left[0.7\left(\frac{gH_i}{u_i^2}\right)^{0.7}\right]}\right\} \tag{3-1}$$

式中：D 为风区长度(m)；H_i 为第 i 个时段水库平均水深(m)；u_i 为此时间段的风速(m/s)；g 为重力加速度，取值为 9.8 m/s^2。

波浪平均周期如公式(3-2)所示：

$$T_i=4.438h_i^{0.5} \tag{3-2}$$

式中：T_i 为第 i 个周期的平均波浪周期时间(s)。

平均波长如公式(3-3)所示：

$$L_i=\frac{gT_i^2}{2\pi}\tanh\left(\frac{2\pi H_{si}}{L_i}\right) \tag{3-3}$$

式中：L_i 为第 i 个周期的平均波长(m)；H_{si} 为第 i 个时段岸坡前水深(m)。

(2)岸坡坡脚侵蚀计算。风浪对岸坡的波压力 F_{wi} 如公式(3-4)所示：

$$F_{wi} = \chi \rho g h_i \tag{3-4}$$

式中：χ 为波压力系数，由实验确定；h_i 为平均波高(m)。

岸坡的抗侵蚀力 F_r 如公式(3-5)所示：

$$F_r = 4\tau_r d_0 + \sigma_t \tag{3-5}$$

式中：τ_r 为波浪侵蚀区岸坡坡脚处土体的有效抗剪强度(Pa)；d_0 为单波引起的剪切厚度(m)；σ_t 为土的抗拉强度(Pa)。

当 $F_{wi} = F_r$ 时，发生侵蚀，计算得出总侵蚀距离 X 如公式(3-6)所示：

$$X = \sum_{i=1}^{n} \Delta X_i = \sum_{i=1}^{n} \frac{\chi \rho g h_i - \sigma_t}{4\tau_r} N_i \tag{3-6}$$

式中：N_i 为第 i 个周期产生的风浪的波数量(个)；n 为周期数(个)。

3.1.2 岸坡风浪侵蚀计算方法

为了全面分析岸坡在不同时段内的风浪侵蚀情况，结合边坡模拟软件，建立岸坡风浪侵蚀和崩岸模拟模型，用于模拟侵蚀过程中岸坡的形状和稳定性变化。计算各时段的风浪侵蚀量。当岸坡崩岸后发生失稳时，形成了新的岸坡，在此基础上使用规范公式计算新的风浪侵蚀量。风浪侵蚀模型计算流程如下：

(1)确定风浪侵蚀计算步长，将初始风浪场和岸坡数据导入模型；

(2)选择对应时间段的风速、水位、结冰期数据。计算一个步长内，风浪侵蚀作用下坡脚的后退距离，确定岸坡坡型变化；

(3)使用 Geostudio 的 SEEP/W 模块瞬态模拟计算岸坡的渗流，以 SLOPE/W 模块计算岸坡安全系数；

(4)当安全系数大于 1 时，岸坡稳定，返回第(2)步继续计算岸坡侵蚀；当岸坡安全系数小于或等于 1 时，岸坡失稳发生崩岸，则使用 SEEP/W 模块瞬态模拟计算岸坡渗流，使用 SLOPE/W 计算生成的新岸坡，并导入模型继续返回第(2)步计算；

(5)继续上述操作，直到计算步长累计达到计算时间段后停止计算。

3.2 风浪侵蚀模型设置

3.2.1 数据处理与参数选取

风浪侵蚀计算时间选为 1968—2022 年，选择黄壁庄水库风浪侵蚀严重的北部与东北部两处岸坡作为研究对象。

计算时选取实测风速场数据、水位数据、结冰期数据，结合研究区域岸坡数据进行计算。模型中风速数据选取石家庄站监测数据，该监测站位于石家庄市鹿泉区，距黄壁庄水库直线距离 18.6 km。风速场数据为美国国家气候数据中心(NCDC)提供的地面气象数据集。石家庄站的风速场数据时间范围为 1973—2020 年，缺少 1968—1972 年数据。计算时，使用 1973—1982 年 10 a 风速数据的平均值，结合 1968—1972 年的水位与结冰期数据，估算了 1968—1972 年的侵蚀。原风速数据监测时间间隔为 3 h，为提高计算精度，选择线性插值法，利用已有的 3 h 风速数据以及对应的时间点进行插值计算，得到 1 h 风速数据。

张—刘村段岸坡位于水库正北岸，侵蚀主要受南风影响，侵蚀风向主要为 90°～270°(东—西(E—W))；王角村段岸坡位于水库东北部，选取风向为 135°～315°(南东—北西(SE—NW))进行计算。选取当年气象站实测风速数据进行计算，计算时使用风速场数据在岸坡垂向上的分量计算岸坡侵蚀。

水库结冰时不存在波浪，不考虑风浪侵蚀，计算时根据每年结冰期数据对这些时段进行排除。黄壁庄水库结冰期数据来自 1861—2099 年全球年度湖冰物候数据集[58]。黄壁庄水库平均结冰期为 79 d 左右，通常于前一年 12 月底开始结冰，当年 3 月初冰融化。

本次选取水库当月实测的平均水位数据进行计算。两个研究区域岸坡的坡底平均高程分别为 114.6 m 与 115.1 m，水库水位低于此高程时，风浪冲刷底床，不涉及岸坡，可不考虑风浪侵蚀。

3.2.2 几何模型与参数设置

根据实测数据与岸坡实拍图像，在 Geostudio 中建立两个区域的典型岸坡几何模型，如图 3-1 所示。研究区域 1(张—刘村段)岸坡高度为 10 m，分为缓、中、陡坡三部分，岸坡土质为黄土状壤土，岸坡几何模型如图 3-1a 所示。研究区域 2(王角村

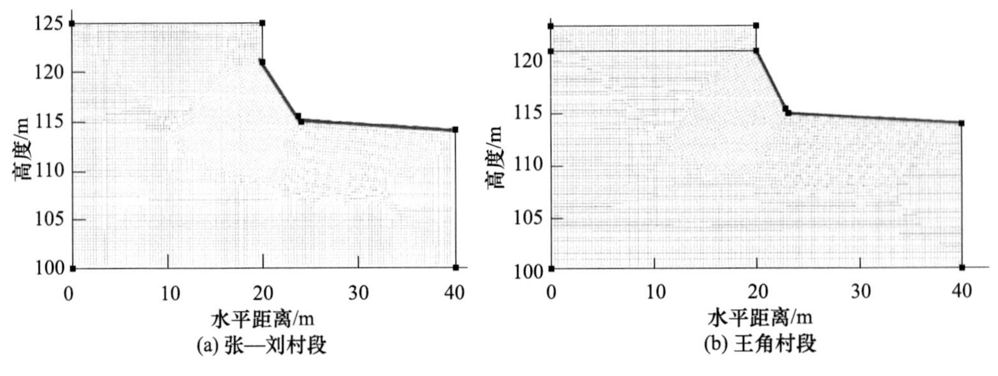

图 3-1 岸坡初始几何模型

段)岸坡高度为8.5 m,岸坡更为陡峭,上层2.5 m为壤土,下层为红土,岸坡几何模型如图3-1b所示。

张—刘村段岸坡和王角村段岸坡的坡脚侵蚀计算参数见表3-1,两岸岸坡土层参数见表3-2。

表3-1 坡脚风浪侵蚀计算参数[31,52-54,57]

	计算参数	数值
ρ	水密度	1000 kg/m^3
D	风区长度	6000 m
H_i	水库平均水深	30 m
H_{si}	岸坡坡前水深	3 m
$\tau_{r黄}$	黄土坡脚土壤的抗剪强度	423.6 kPa
$\sigma_{t黄}$	黄土坡脚土壤的抗拉强度	1.8 kPa
$\tau_{r红}$	红土坡脚土壤的抗剪强度	490.0 kPa
$\sigma_{t红}$	红土坡脚土壤的抗拉强度	1.9 kPa
X	土体压力系数	1.2

表3-2 库坡土体参数

项目	饱和渗透系数/(m/s)	粘聚力/kPa	内摩擦角/°	饱和含水率/%	单位重量/(kN/m^3)	平均粒径/m
黄土	4.3×10^{-6}	16.0	26.4	23.2	18.0	1.6×10^{-5}
红土	3.5×10^{-6}	32.9	12.7	31.5	24.3	6.5×10^{-6}

图3-1中,模型右侧岸坡红色标记处的边界设置为水头边界,模拟水库水位的变化情况,其余边界距离岸坡较远,受风浪引起的渗流影响不大,可设置为不透水边界。在模拟前,进行了网格独立性验证,确定的两个研究区域岸坡模型网格单元数量分别为8902个和8509个。在模拟时,起算点为岸坡与底坡的交点,由于计算持续时间较长,暂时忽略了崩塌块在坡底的淤积。

3.2.3 计算步长选择

选择步长为1 h、3 h、6 h、12 h,选取计算出的2020年3月侵蚀数据作为测试条件进行测试,测试时间内岸坡发生了一次崩岸并形成了新岸坡。不同步长模拟的岸坡稳定性变化如图3-2所示。

由图3-2可知,计算步长较长时,岸坡在不稳定崩岸后,在这一步长内不能及时形成新的岸坡,与实际(立刻生成新岸坡)存在较大差异,会对侵蚀计算产生影响。因此,本研究岸坡模拟计算时步长选取1 h,以便在这一时段内出现崩岸后,能较快生成新岸坡,与实际更加符合。

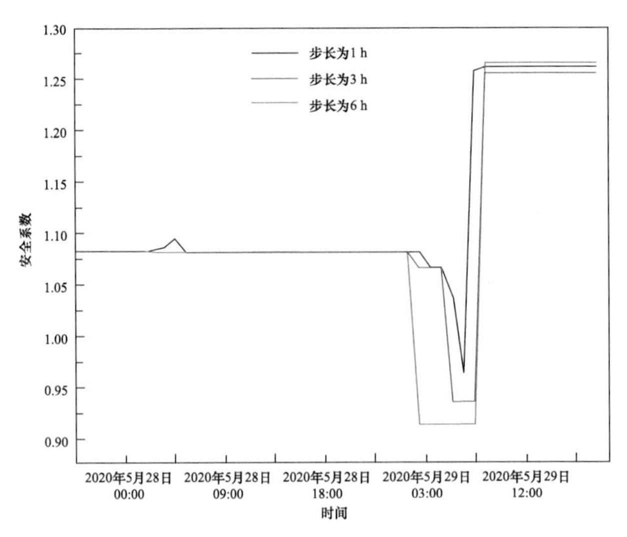

图 3-2 不同步长模拟安全系数变化

3.3 风浪计算结果与讨论

1968—2020 年,张—刘村段和王角村段岸坡在风浪作用下的崩岸宽度如表 3-3 和表 3-4 所示。

表 3-3 张—刘村段 1968—2020 年风浪侵蚀模拟结果

年份	崩岸宽度/m	年份	崩岸宽度/m	年份	崩岸宽度/m
1968	6.20	1988	0.00	2008	0.00
1969	0.00	1989	0.00	2009	0.00
1970	6.15	1990	3.90	2010	0.00
1971	0.00	1991	6.50	2011	0.00
1972	3.50	1992	0.00	2012	0.00
1973	0.00	1993	0.00	2013	0.00
1974	2.85	1994	0.00	2014	0.00
1975	6.30	1995	0.00	2015	0.00
1976	0.00	1996	10.70	2016	3.60
1977	0.00	1997	0.00	2017	0.00
1978	0.00	1998	0.00	2018	0.00

续表

年份	崩岸宽度/m	年份	崩岸宽度/m	年份	崩岸宽度/m
1979	1.20	1999	0.00	2019	6.70
1980	6.30	2000	0.00	2020	5.30
1981	0.00	2001	0.00	合计	92.80
1982	0.00	2002	0.00		
1983	5.35	2003	0.00		
1984	6.30	2004	0.00		
1985	6.75	2005	0.00		
1986	5.20	2006	0.00		
1987	0.00	2007	0.00		

表 3-4　王角村段 1968—2020 年风浪侵蚀模拟结果

年份	崩岸宽度/m	年份	崩岸宽度/m	年份	崩岸宽度/m
1968	4.56	1988	0.00	2008	0.00
1969	7.01	1989	9.32	2009	0.00
1970	15.20	1990	0.00	2010	0.00
1971	4.12	1991	0.00	2011	0.00
1972	4.87	1992	0.00	2012	0.00
1973	14.70	1993	0.00	2013	0.00
1974	0.00	1994	0.00	2014	0.00
1975	0.00	1995	8.45	2015	0.00
1976	4.01	1996	3.02	2016	0.00
1977	15.24	1997	0.00	2017	4.13
1978	7.34	1998	0.00	2018	4.31
1979	0.00	1999	0.00	2019	0.00
1980	4.12	2000	0.00	2020	5.64
1981	0.00	2001	0.00	合计	124.11
1982	0.00	2002	0.00		
1983	4.09	2003	0.00		
1984	3.98	2004	0.00		
1985	0.00	2005	0.00		
1986	0.00	2006	0.00		
1987	0.00	2007	0.00		

图 3-3 为两个研究区域年侵蚀量分布。两个区域年侵蚀量变化趋势基本相同,主要受当年风强、水位、冰期等自然条件影响。图 3-4 为两个研究区域总侵蚀量月分布。由于冬季水库结冰与夏季低水位期难以发生风浪侵蚀,侵蚀主要发生在3—5 月与 10—12 月。张—刘村段风浪侵蚀的主要发生时间为 3—4 月,如图 3-4a 所示,主要原因为当地 3—4 月盛行南风与东南风,位于水库北部的岸坡受风直吹,风浪侵蚀作用最明显。王角村段风浪侵蚀的主要发生时间为 3—5 月与 11—12 月,如图 3-4b 所示,此处岸坡位于水库东北岸,3—5 月受南风影响,11—12 月受西风与部分西北风影响,从而产生侵蚀。

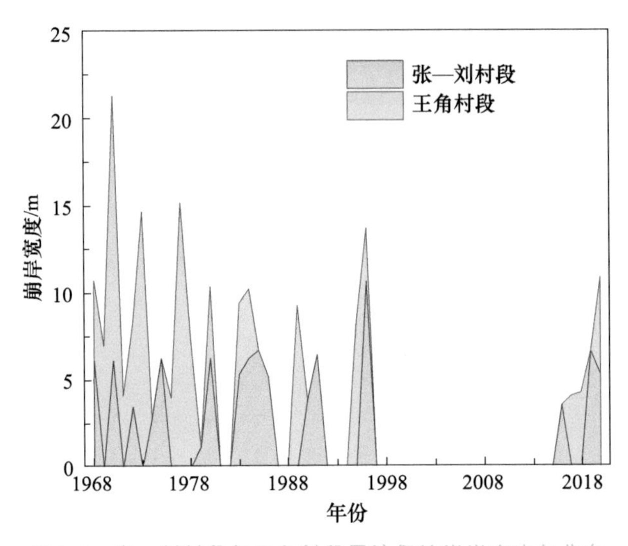

图 3-3 张—刘村段与王角村段风浪侵蚀崩岸宽度年分布

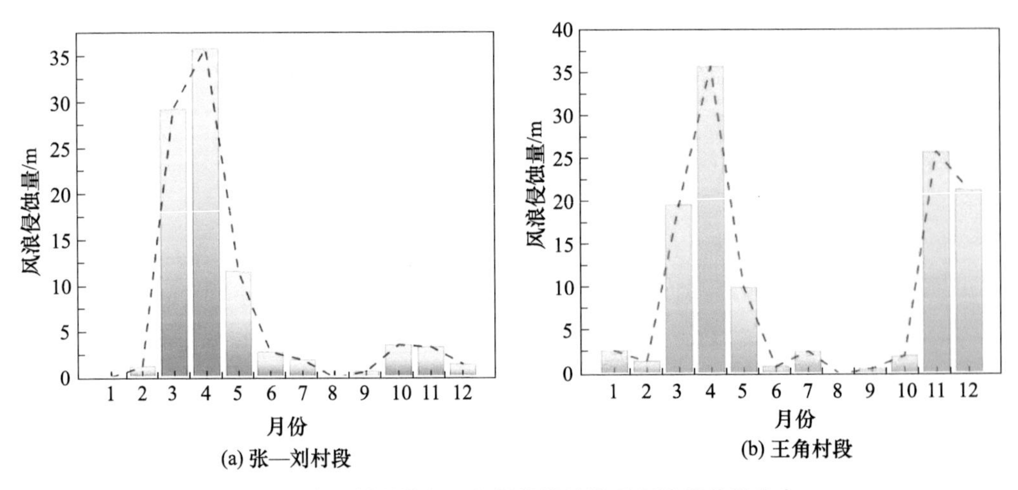

图 3-4 张—刘村段与王角村段岸坡逐月风浪侵蚀量分布

1968—2020 年,张—刘村段与王角村段岸坡稳定性系数变化如图 3-5 所示。结果表明,两段岸坡分别发生了 28 次与 30 次大面积塌陷。图 3-6 给出了 1983 年 5 月张—刘村段岸坡的形状变化。在这段时间内发生了两次岸坡塌陷,时间分别为 5 月 2 日 07 时与 5 月 10 日 11 时。侵蚀最先发生在坡脚处,随着坡脚侵蚀量的增大,岸坡稳定性逐渐降低。当坡脚侵蚀达到一定程度时,安全系数下降至小于 1,此时岸坡失稳,发生坍塌,并形成新的岸坡,坡脚得到修复,新岸坡又回到稳定状态。坡脚侵蚀与岸坡塌陷周而复始,形成岸坡多次塌陷。

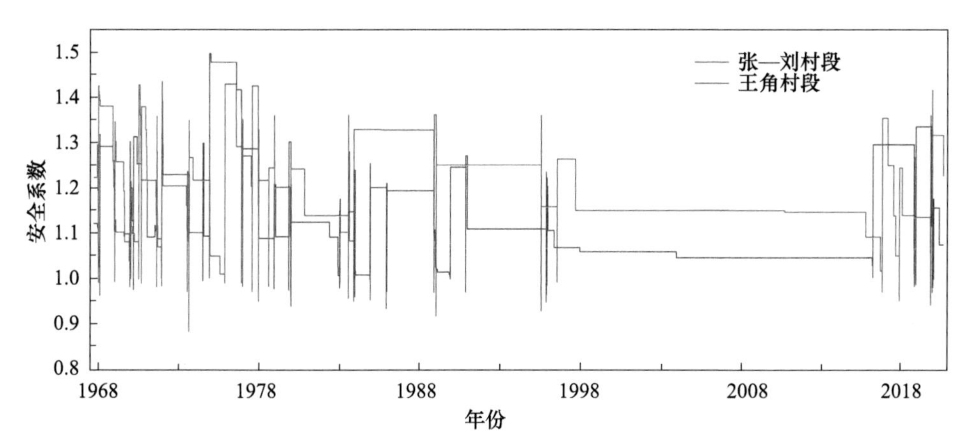

图 3-5　1968—2020 年岸坡安全系数变化

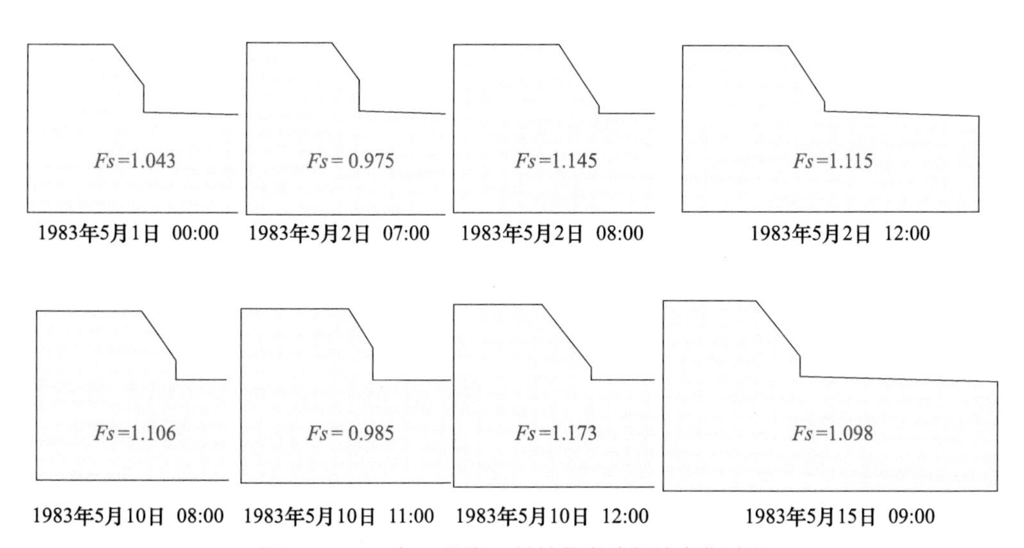

图 3-6　1983 年 5 月张—刘村段岸坡侵蚀变化过程

3.4 风浪与降雨因素作用下崩岸分析

3.4.1 考虑因素与计算方案

黄壁庄水库自建库以来,岸坡的侵蚀和崩岸主要受到风浪、降雨、水位变化、冻融等多种因素的影响。在考虑风浪作用下岸坡崩岸模拟的基础上,进一步考虑了其他主要因素共同存在的情况,进行了岸坡侵蚀与崩岸的长期分析和模拟。各种因素共同作用下的分析和模拟,将更客观、全面地了解和预测黄壁庄水库岸坡侵蚀和崩岸过程,预测未来的发展趋势和潜在影响。同时,将模拟结果与实测数据进行对比,可验证考虑多因素情况下模型结果的准确性和可靠性。

黄壁庄水库的水位变化由于受到有效调控,变化相对规律且速度较为缓慢。当水库水位下降时,岸坡的稳定性可能会降低,增加崩岸的风险。本书第 2 章的计算结果显示,当水位下降速度为 2 m/d 时,岸坡仍能保持相对良好的稳定性,这表明在正常调控下,黄壁庄水库的水位变化对岸坡稳定性的影响较小,因此,研究中忽略水位变化对岸坡稳定性的影响。

岸坡冻土在融冰过程中可能引发崩岸现象,考虑到当地冻土深度仅为 0.54 m,一般情况下,冻融过程不会导致大规模岸坡崩岸。同时,由于缺乏相关的实测数据,在当前的分析中,暂时忽略冻融过程对岸坡稳定性的影响。

降雨是岸坡崩岸的一个重要成因,特别是在黄壁庄水库消落区,持续的降雨导致渗流变化与黏聚力下降,从而削弱岸坡的稳定性,增加崩岸的风险。本节在风浪侵蚀计算的基础上,进一步考虑了降雨的影响。

降雨数据为石家庄气象站监测的降雨数据,数据源为美国国家海洋和大气管理局(NOAA),其中,1968—1972 年降雨量缺失,本计算采用 1973—1982 年平均数据代替。

图 3-7 展示了不同风浪侵蚀程度的岸坡在不同强度降雨下岸坡稳定性的变化。不同风浪侵蚀程度的岸坡安全性不同,侵蚀量越大,岸坡稳定系数越低,表示岸坡稳定性越差,即将发生崩岸。同时,降雨强度越大,岸坡稳定性下降越快,也会引起岸坡发生崩岸。降雨强度小于 50 mm/d 时,黄壁庄水库岸坡稳定性变化较小,侵蚀量为 2 m 时,岸坡不会发生崩岸;降雨强度大于 50 mm/d 时,岸坡的稳定性将受到显著影响,侵蚀量达到 2 m 时,岸坡可能会发生崩岸。本次计算中,将降雨强度 50 mm/d 作为考虑降雨对岸坡稳定性影响的界限雨量。

筛选出降雨强度大于 50 mm/d 的日期,根据这些日期的数据综合计算降雨和风浪对岸坡稳定性的作用。计算时,为岸坡坡顶和坡面设置对应降雨强度的流量边界,以模拟降雨的影响,当降雨或风浪侵蚀导致岸坡稳定性下降至 1 以下时,认定岸

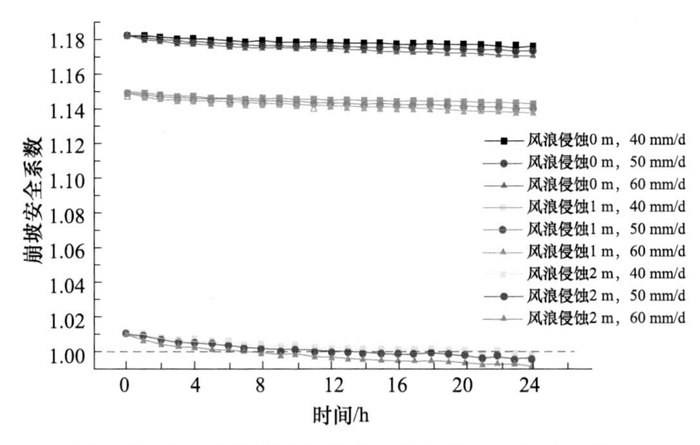

图 3-7　降雨作用下不同风浪侵蚀形状岸坡的安全系数

坡发生崩岸。计算时，根据最小安全系数滑移面计算崩岸后的岸坡形状，在此基础上继续计算降雨与风浪作用。当降雨强度大于 50 mm/d 时，降雨会对岸坡稳定性产生较大影响，此时岸坡受风浪侵蚀严重，将会提前发生崩岸。需要注意的是，一旦发生岸坡崩岸，新形成岸坡的稳定性会有所增加。若降雨未停止，则继续进行计算，此时若降雨未导致岸坡的安全系数降至 1 以下，可以认为岸坡能够在降雨后排水并恢复稳定性。在下一次侵蚀事件开始时，上次崩岸后降雨的影响已经消除，依然从稳态开始进行计算。

3.4.2　计算结果与分析

风浪与降雨共同作用下，1968—2020 年，张—刘村段和王角村段岸坡的崩岸宽度如表 3-5 和表 3-6 所示。

表 3-5　张—刘村段崩岸模拟结果

年份	崩岸宽度/m	年份	崩岸宽度/m	年份	崩岸宽度/m
1968	6.20	1988	0.00	2008	0.00
1969	0.00	1989	4.10	2009	0.00
1970	6.15	1990	0.00	2010	0.00
1971	0.00	1991	6.00	2011	0.00
1972	3.50	1992	0.00	2012	0.00
1973	0.00	1993	0.00	2013	3.10
1974	2.85	1994	0.00	2014	0.00
1975	6.30	1995	3.50	2015	0.00
1976	0.00	1996	14.20	2016	0.00
1977	0.00	1997	0.00	2017	2.50

续表

年份	崩岸宽度/m	年份	崩岸宽度/m	年份	崩岸宽度/m
1978	0.00	1998	0.00	2018	0.00
1979	4.90	1999	0.00	2019	2.50
1980	2.40	2000	0.00	2020	5.20
1981	3.10	2001	0.00	合计	99.90
1982	0.00	2002	0.00		
1983	5.60	2003	0.00		
1984	7.90	2004	0.00		
1985	4.40	2005	0.00		
1986	5.50	2006	0.00		
1987	0.00	2007	0.00		

表 3-6　王角村段崩岸模拟结果

年份	崩岸宽度/m	年份	崩岸宽度/m	年份	崩岸宽度/m
1968	5.56	1988	0.00	2008	0.00
1969	7.01	1989	9.32	2009	0.00
1970	15.20	1990	0.00	2010	0.00
1971	4.12	1991	0.00	2011	0.00
1972	4.87	1992	0.00	2012	0.00
1973	14.70	1993	0.00	2013	0.00
1974	2.70	1994	0.00	2014	0.00
1975	0.00	1995	8.06	2015	3.11
1976	6.23	1996	6.02	2016	3.16
1977	13.36	1997	0.00	2017	4.05
1978	7.42	1998	0.00	2018	4.13
1979	0.00	1999	0.00	2019	0.00
1980	4.12	2000	3.10	2020	5.64
1981	0.00	2001	0.00	合计	139.95
1982	0.00	2002	0.00		
1983	4.09	2003	0.00		
1984	3.98	2004	0.00		
1985	0.00	2005	0.00		
1986	0.00	2006	0.00		
1987	0.00	2007	0.00		

1968—2020年，张—刘村段与王角村段岸坡侵蚀实测崩岸宽度分别为102 m与165 m，平均每年岸坡崩岸宽度分别为1.92 m与3.11 m。在风浪与降雨共同作用下，岸坡崩岸模拟计算的总崩岸宽度分别为99.90 m与139.95 m，平均每年为1.89 m与2.64 m。可以看出，计算值与实测值符合程度较好。计算值小于实测值时，误差可能是由于模拟中没有考虑泄洪等非正常水位变化情况、冻土消融等现象的影响；另外，也可能由于水库水位、库岸土质、风向和风速等数据不够完整而导致。总之，计算值与实测值较为接近，故说明本研究提出的计算模型可以较好地模拟水库岸坡的侵蚀。

降雨与风浪等多因素共同作用下，1968—2020年不同年份和月份的岸坡崩岸量如图3-8和图3-9所示。

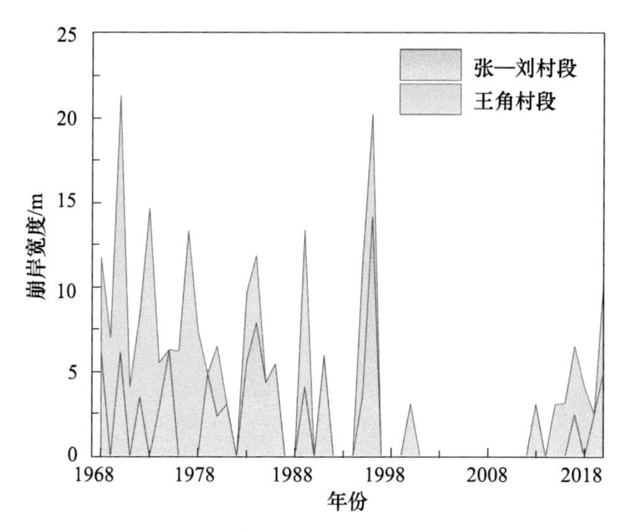

图3-8 张—刘村段与王角村段岸坡多年崩岸宽度分布

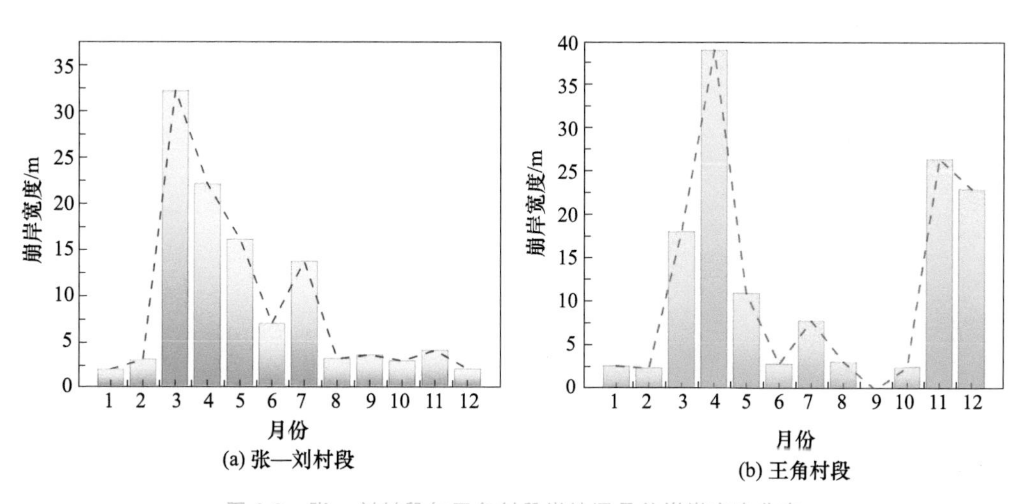

图3-9 张—刘村段与王角村段岸坡逐月总崩岸宽度分布

图 3-8 数据显示，黄壁庄水库岸坡的崩岸事件在不同年份之间表现出显著的波动，这种波动主要是由于各年气候条件和自然环境的变化所导致，特别是在如 2001 年和 2015 年等降水较多的年份，大量降雨引发了岸坡崩岸事件的增加，当年的崩岸量也较大。

由图 3-9 与图 3-4 的对比可知，受降雨影响后，7—8 月汛期崩岸量提升明显，这主要是因为当地的季节性降雨非常明显，大多数降水集中在夏季，进而加剧了岸坡的侵蚀和崩岸风险。

如图 3-10 所示，本次计算考虑降雨与风浪综合影响后，岸坡崩岸次数增加，计算得出 1968—2020 年，张—刘村段与王角村段岸坡分别发生了 35 次与 36 次崩岸，与只考虑风浪相比分别增加了 7 次与 6 次。总崩岸宽度较只考虑风浪侵蚀的数据均有所增加，两个研究区域崩岸计算量分别增加了 7.40 m 与 15.84 m，降雨与风浪综合作用后岸坡崩岸过程模拟与实际更加相符。

如图 3-10 所示，由降雨与风浪作用下的长期模拟结果对比可知，降雨对岸坡稳定性的作用相对较小。降雨作用下，许多时刻岸坡安全系数呈现直线下降的趋势，但大部分情况下，这些强度的降雨不足以造成崩岸，在降雨结束后岸坡安全系数会迅速恢复。

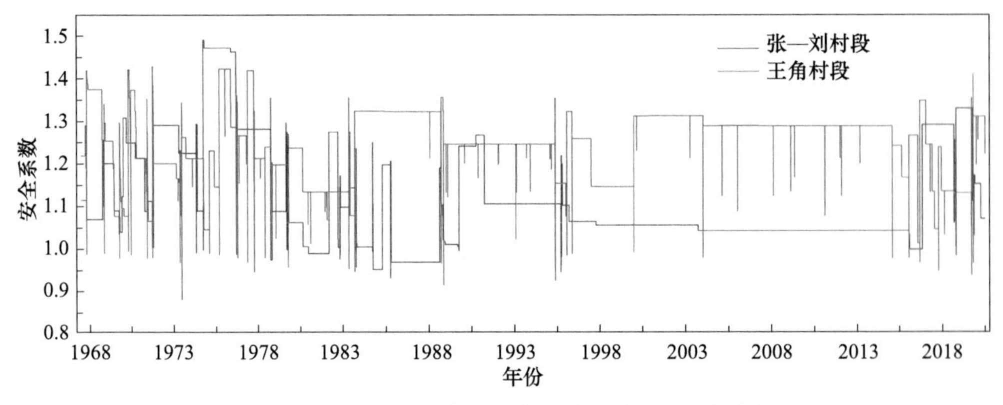

图 3-10　1968—2020 年降雨与风浪岸坡安全系数变化

第 4 章　植被护坡对岸坡稳定性的影响

4.1　植被护坡技术原理

植被护坡是一种基于水—土—植物相互作用的护坡技术[100]。该技术融合了工程力学、土壤学、生态学等多学科理论，利用植物或植物工程技术加固以达到护坡的目的。植被护坡的关键在于利用植物根系与岩土体的相互作用，形成一种坚固的根—土复合体结构。这种复合体结构在保持边坡稳定的同时，还能促进土壤的固结和水分的渗透，为生态环境的恢复和改善提供良好的条件。张志永等[101]研究表明，水库定期蓄水明显改变了消落区植物群落的组成和多样性。植物群落的演变过程不仅能够反映整个消落区生态系统的变化，而且会对其产生影响。植被护坡技术模拟计算，可以考虑引入与植物群落变化相关的因素，通过植物的选择和布局来优化坡面的稳定性，这样更能全面地考察植被护坡技术在不同环境条件下的适用性，并为相关工程提供可持续的生态解决方案。

4.1.1　根系固土的基本原理

在根系与土壤交错形成的根—土复合体中，根系可被视为带有预应力的三维加筋材料，表现出一种类似钢筋或玻璃纤维等加固混凝土结构的方式[102]。

土壤抗压性强而抗拉性弱，根的抗压性弱而抗拉性强。因此，根—土复合体中的根系通过将土壤中的剪应力转化为根系中的拉应力，将压力从土壤转移到根部，从而提高根—土复合体的整体强度[103,104]。随着根系数量的增加，根—土复合体的抗拉强度呈指数函数增长。这是由于根数的增加增大了根—土接触面积，提高了土壤基质与根系之间的摩擦阻力，进而增强了材料对基质的三维加筋效应[105]。

根系固土的力学效应主要包括加筋、锚固、支撑力和斜向牵引效应[106]，以加筋和锚固效应为主[107]。张丽等[108]认为，植被的深根具有锚固作用，浅根具有加筋作用。

4.1.2　植被的根系形状

植被固坡效果通常与广泛的根系性状密切相关，根系的主要性状如图 4-1 所示[109]。其中,经常被突出显示的3类性状包括:与菌根共生有关的特征、根系空间分布特征和地下分配特征。

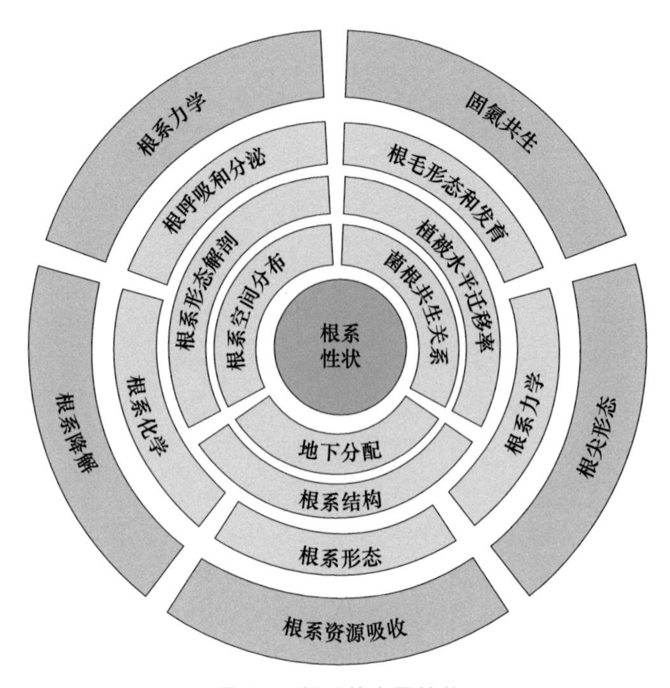

图4-1 根系的主要性状

4.1.3 不同位置种植植被对抗侵蚀的差异

固坡植被可分为坡顶植被、坡面植被和坡脚植被。在多个连续的水文事件中,水流侵蚀的范围将随水位变化而波动,不同位置的植被能够抵御侵蚀的范围也不同,由此表现出不同的固坡效果[110]。

(1)坡顶植被。坡顶植被指种植在岸坡顶部水平面上的植被。

坡顶植被的主要作用包括:保护山坡顶部的土壤、增加土壤保持力、防止坡顶坍塌、提供生态栖息地等。

(2)坡面植被。坡面植被指种植在岸坡顶点至坡脚顶点之间斜坡部分的植被。

坡面植被的主要作用包括:减缓水流冲击坡面的速度、降低水流侵蚀的强度、截留雨水、抑制地表径流等[46]。

(3)坡脚植被。坡脚植被指种植在坡脚顶点至河床浅水处的植被,亦称为河滩带植被。

坡脚植被的主要作用包括:拦截坡面泥沙、降低水流侵蚀的强度、抑制土壤侵蚀、吸收过量水分、改善土壤结构等[110]。

图4-2分别展示了坡顶植被、坡面植被和坡脚植被的位置关系。坡顶植被种类

繁多,包含各类乔木、灌木、草本植物;坡面种植乔木的成本较高,因此,坡面植被以灌木和草本植物为主;坡脚植被位于枯水位以下,以耐水性强的草类为主。

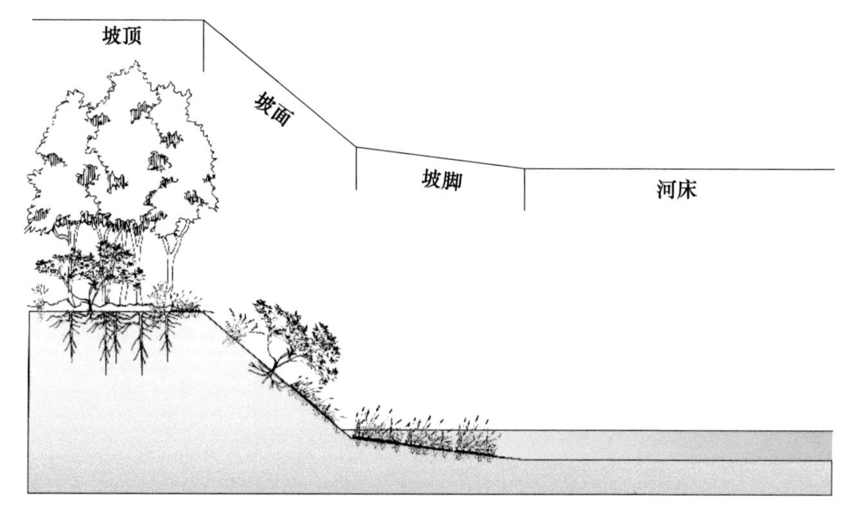

图 4-2　坡顶、坡面与坡脚植被示意图

在图 4-1 中,同一圆环中的各个性状在以往文献中出现的频率相似;圆环的排列次序体现性状的研究频率,由内向外依次递减。

考虑到植被固坡领域的根—土复合体的力学效应,Freschet 等[109]在图 4-1 的基础上重新提取典型的根系性状,如图 4-3 所示。

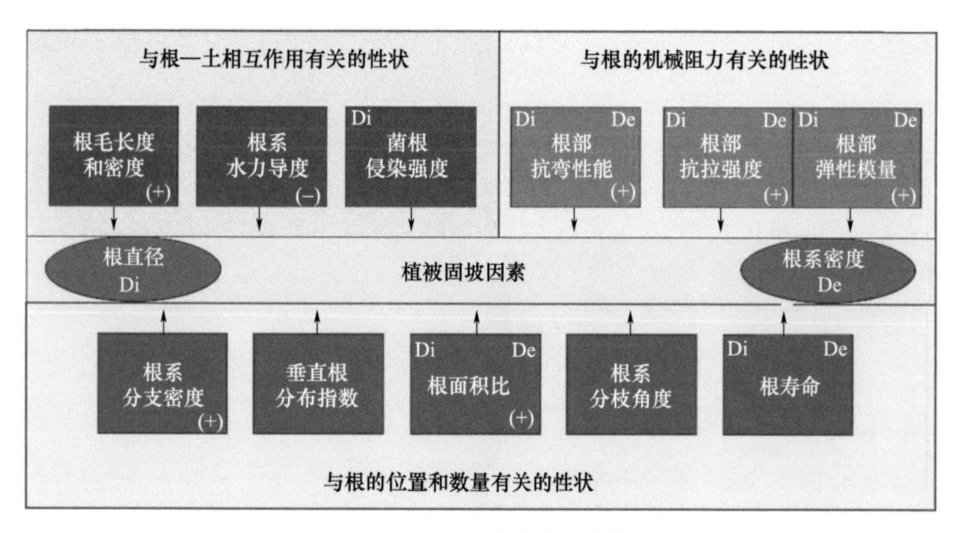

图 4-3　固坡植被的主要性状

在图 4-3 中,与植被固坡有关的性状主要被分为 3 类,分别是:与根—土作用有关的性状、与根的机械阻力有关的性状、与根的位置和数量有关的性状;受根直径影响的性状在左上角用 Di 标记,受根密度影响的性状在右上角用 De 标记;(+)表示根系特性与植被固坡效果呈正相关,(一)表示该特性与固坡效果呈负相关。

在植被固坡相关的研究领域中,根直径和根密度是用来描述根系特征的主要参数[109]。根密度指在一定土地面积内,植物根系所占据的体积或长度,与根的数量密切相关。一般而言,植物的根系具有以下特征:根直径和数量增加将导致根的表面积增大,进而增加根系与土壤间的摩擦力,并使根—土接触面积增加。由此,根系的抗拉拔力越显著,从而有效提升根系的护土固坡效果[111]。因此,可以通过根径分布来呈现植被根系的直径和数量特征。

4.2 植被护坡模拟方法与模型

4.2.1 植被根—土复合体理论

不同类型植被,由于其根系发育形态不同,对边坡的加固效果亦存在较大差异。如图 4-4 所示。按照根系的分布和形态特征,常见的植被根系可以分为 Tap 型(垂直根型)、Plate 型(水平根型)和 Heart 型(散生根型)3 种类型[59]。幅深比是根系形态的一个重要参数,各植被根系的幅深比差异十分显著,一般将幅深比大于 2.0 的根系划为水平根型根系,幅深比 1.5～2.0 的根系划为散生根型根系,小于 1.5 的根系划为垂直根型根系[60]。

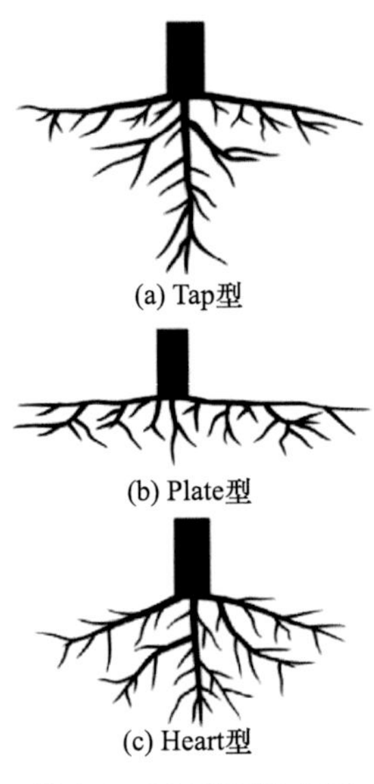

图 4-4　3 种类型的根系

植被根系的护坡作用主要体现在水文作用以及力学效应上，通过根系与土壤之间的摩擦力和胶结力形成根—土复合体，达到改变土体水力性质及固土加筋、提高抗剪强度与岸坡稳定性的效果。在模拟植被根系作用时，常把表层根系作用区域等效成连续介质，改变根系作用范围内土体的力学参数和水力参数，从而实现对根—土复合体力学效应和水力效应的模拟。在模拟中，Tap 型、Plate 型和 Heart 型 3 种类型根系形成的根—土复合体如图 4-5 所示。

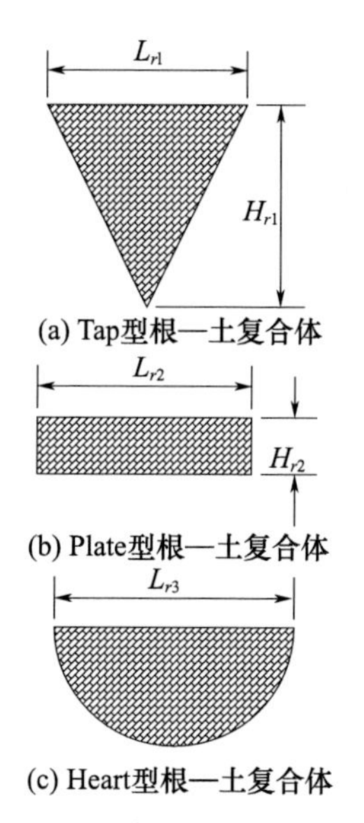

图 4-5　3 种类型的根—土复合体

4.2.2　RipRoot 模型

(1)模型简介与发展。RipRoot 模型(根系固土力学模型)是在前人的工作基础上建立的[104,112,113]。目前，RipRoot 模型可以通过改变根密度、物种组合和土壤剪切强度等输入变量来考虑根系加固的时空变化的量化[102]。它考虑了不同根的不同拉伸强度，并假设根逐渐断裂[114]。

RipRoot 模型发展历程：1977 年，Waldron[104]在库伦准则的基础上计算由植被根系带来的附加黏聚力；1979 年，Wu 等[112]简化了这一计算公式，但是由于模型假设土壤剪切过程中所有根系同时断裂而高估了根系作用；2005 年，Pollen-Bankhead 等[54]提出了一种纤维束模型 RipRoot，计算根束在渐进断裂中为土壤提供的附加黏聚力，但仅考虑了根系断裂这一种破坏机制；2007 年，Pollen-Bankhead[102]修正了 RipRoot，使得模型可以同时考虑根系断裂和根系拔出；2009 年，Pollen-Bankhead 等[28]将 BSTEM 模型(河岸稳定性及坡脚侵蚀模型)与 RipRoot 结合，计算植被根系的固坡效果。

(2)计算原理与假设短时间淹没区。库伦公式是由法国科学家库伦于1776年提出的土壤破坏公式[115],如式(4-1)所示[116,117]。根据库伦公式,土体强度取决于黏聚力和摩擦强度,摩擦强度分为滑动摩擦和咬合摩擦,摩擦强度对土体强度的影响用内摩擦角φ表示。

$$\tau_f = c + \sigma\tan\varphi \tag{4-1}$$

式中:τ_f为土壤的抗剪强度(kPa);c为土壤的黏聚力(kPa);σ为破坏面上的正应力(kPa);φ为土的内摩擦角(°)。其中,黏聚力和正应力都为应力(kPa)[118-120]。

1977年,Waldron[104]提出了一个改进的库伦公式,用于描述根—土复合体的力学行为,并提出了三个假设:一是假设根系垂直穿过土壤剪切发生的区域,并且剪切发生区域的厚度在剪切过程中保持不变;二是假设根具有线性弹性,且直径均匀;三是假设土壤内摩擦角保持不变,并且所有的根同时断裂。如式(4-2)所示:

$$\tau_f = c + \tau_r + \sigma\tan\varphi \tag{4-2}$$

其中,

$$\tau_r = \frac{1}{A}\sum_{n=1}^{n=N}(A_r)_n(c_r + \sigma_r\tan\varphi') \tag{4-3}$$

$$c_r = T_r\cos(90 - \zeta) \tag{4-4}$$

$$\sigma_r = T_r\sin(90 - \zeta) \tag{4-5}$$

$$T_r = ad^{-b} \tag{4-6}$$

$$\zeta = \tan^{-1}\frac{1}{\tan\theta + \cot\chi} \tag{4-7}$$

$$\tau_r = \frac{1}{A}\sum_{n=1}^{n=N}(A_rT_r)_n[\sin(90 - \zeta) + \cos(90 - \zeta)\tan\varphi'] \tag{4-8}$$

式中:τ_r为根系提供的抗剪强度(kPa);A_r为剪切面中的根系面积(m^2);A为剪切面面积(m^2);土壤截面中的根面积比为$\frac{A_r}{A}$;N为剪切面中的根总数;n为第n条根;c_r为根系产生的附加黏聚力(kPa);σ_r为根系在破坏面上产生的正应力(kPa);φ'为根—土复合体的内摩擦角(°);T_r为单位面积土壤中根系的抗拉强度(MPa);θ为剪切角,χ为根系相对于破坏平面的方向角;d为根的直径(mm);a与b均为与植物物种有关的参数,$a>0$且$2>b>0$。

在材料力学中,抗拉强度是材料的机械性能之一,用来描述材料在拉断前承受的最大应力。植物根系也是一种抗拉材料,不同属种的植物根系抗拉强度有显著差异[121],公式(4-6)中的系数a、b与植物种类有关[122,123]。典型的抗拉强度取值范围为草根4~20 MPa,树根5~70 MPa[124]。当根系直径$d<0.5$ mm时,草根的抗拉强度高于树根;当$0.5\leqslant d<5$ mm时,树根强度高于草根;当$d\geqslant5$ mm时,草根与树根的抗拉强度趋同[122]。Reubens等[125]指出,表层细根与深层粗根相结合最有利于维持岸坡稳定性。

多项试验证实根的抗拉强度随直径的增加呈指数下降(包括但不限于 Waldron 等[113]、Riestenberg 等[126]、Gregory 等[127]、Coppin 等[124]、Pollen-Bankhead 等[54,122]、DeBaets 等[123]、Hales 等[128])。对于植物根系直径越大抗拉强度越小这一现象，Genet 等[129]指出，根系的抗拉强度和根系直径之间的关系不能简单地用断裂力学中的尺度效应来解释。张波[130]经研究发现，单个管胞的纵向抗拉强度随管胞微纤丝角的增大呈匀速下降，指出管胞微纤丝角是木材机械性能的重要决定因素。蒋坤云等[131]认为，根系抗拉强度随直径的增大而减小，与管胞微纤丝角的变化有关，不同物种单根抗拉强度和抗拉力的差异主要由根系中木纤维面积百分比及壁腔比不同导致。

1979 年，Wu 等[112]发现公式(4-8)中，τ_r 值对 $[\sin(90-\zeta)+\cos(90-\zeta)\tan\varphi']$ 的变化不敏感，因此，将公式(4-8)简化。记 $[\sin(90-\zeta)+\cos(90-\zeta)\tan\varphi')=R_f$，令 $R_f=1.2$，得到 τ_r 的计算公式(4-9)：

$$\tau_r=1.2\frac{1}{A}\sum_{n=1}^{n=N}(A_rT_r)_n \tag{4-9}$$

Pollen-Bankhead 等[122]总结了 1978—2010 年对公式(4-9)中 $R_f=1.2$ 进行合理性分析，指出在土壤类型、内摩擦角和植物根结构等条件发生变化的情况下，R_f 取值在 0.58～1.31 波动。

依据公式(4-9)建立的模型，假设在土壤剪切过程中调动每个根的全部抗拉强度，并假设所有的根同时断裂，因此，将高估根的强化作用。材料科学领域中常用纤维束模型(Fiber Bundle Model，FBM)来模拟基质中的纤维增强效果，纤维束模型根据纤维的抗拉强度在纤维之间分配应力，能够实现纤维从弱到强逐渐断裂。

2005 年，Pollen-Bankhead 等[54]将纤维束模型应用在根—土复合体中，提出 RipRoot 模型，以解释剪切破坏过程中根的渐进断裂。RipRoot 模型考虑到土壤基质中的根因抗拉强度不同而在不同的时间点和节点断裂的情况，随着每个根部的强度从纤维束中消失，负载按照每个根部直径与所有完整根部直径之和的比例重新分配到剩余的根部上，模型计算简化流程如图 4-6 所示。

将 RipRoot 计算得到的 τ_r 代入公式(4-2)中，进而得到根—土复合体的抗剪强度。在 Pollen-Bankhead 等[54]提出 RipRoot 模型后，研究者对比了 Wu 等[112]的模型和 RipRoot，结果显示使用 RipRoot 能使模拟准确性提高一个数量级[132-134]。

根—土复合体剪切时存在两种根系破坏机制：根系断裂和根系拔出。根系断裂与拔出的相对比例由土壤水分和抗剪强度共同决定，因此，根系断裂与拔出的比例可以反映研究区域由土壤有效黏聚力、内摩擦角、基质吸力等引起的时空变化[102]。

早期的 RipRoot 模型没有考虑根的拔出力[54]，这导致模型忽视了目标岸坡的时空变化。1990 年，Ennos[103]研究了单个韭菜根的锚固，并根据根与土壤之间的结合强度推导出根系拉拔函数，如公式(4-10)所示。2007 年，Pollen-Bankhead[103]通过实地测量拔出根所需的力来测试公式(4-10)的适用性，将拔出力与在拉伸强度测试中

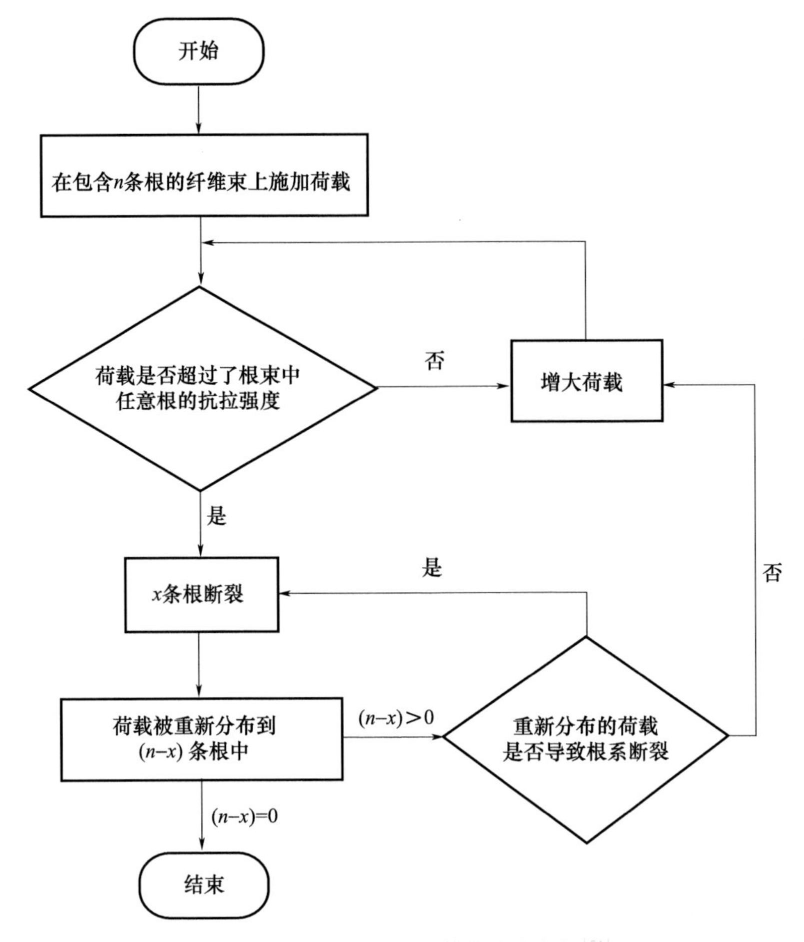

图 4-6 RipRoot 模型运算简化流程图[54]

获得的断裂力相比较，并修改 RipRoot 模型，使得模型能够同时考虑根系断裂和拔出，如公式(4-11)所示。

$$F_p = \pi d \tau_f L_r \tag{4-10}$$

$$L_r = R d^g \tag{4-11}$$

式中：F_p 为单个根的拔出力(N)；d 为根直径(m)；L_r 为根长度(m)。L_r 可以由野外实测获得，也可以由公式(4-10)计算得出，R、g 为随植物种类和生长条件而变化的常数，取值范围为 $0.5<g<1.0$，$100<R<800$[102]，缺少野外实测数据时可取 $R=50.2$，$g=0.7$[28,102]。

2010 年，由美国农业部农业研究局研发的 BSTEM 模型更新至版本 5.1，模型将 RipRoot 整合其中分析岸坡植被根系对岸坡侵蚀的影响机制[28,135]；2014 年，BSTEM 升级至版本 5.4，并扩充了模型中的植被种类[20]。Pollen-Bankhead 等[28]使用以往研究中获得根的结构数据，创建岸坡中穿过剪切平面的根数随时间变化的回归模型,并研究了根系密度随深度的变化,以便将RipRoot获得的根系加固强度可以和BSTEM中分层的岸坡模型正确耦合。

(3)模型优劣性分析。RipRoot模型最重要的贡献是利用纤维束模型的思想,提出根系在复合体破坏时的渐进破坏形式[136]。RipRoot方法提供了更好的根强化估计[137],结果与根—土壤的剪切试验相近,被广泛应用于岸坡稳定性分析中[138]。

但是,RipRoot模型假设根的弹性特性相同、根束方向相互平行、载荷方向相互平行[138]。因此,其仍然存在弊端,如:重点关注在垂直根系对土体强度的加强作用上,忽略了侧根的贡献[139];没有直接考虑物种间的竞争,模拟结果无法体现影响根系生长的生态变量和过程[28]。因此,在未来的研究中,还需要更细致地考虑更多根系性状对植被固坡的影响。

4.3 不同水位变化时期植被护坡研究

4.3.1 计算方案设计

(1)植被选择。在特定区域内,根据根系特性,选择适当的本土植被,是植被固坡研究的关键步骤[140]。全系列生态固坡技术指出,坡脚至坡面区域应种植沉水植物、浮叶植物和湿生植物[141]。与坡顶和坡面相比,坡脚位于枯水位以下,对植物的耐水性要求高。

为对比不同物种在不同位置的固坡效果,本研究选用4种当地植物,包括毛八角枫(八角枫科,落叶小乔木,拉丁名:*Alangium kurzii*)、紫红柳(杨柳科,丛生灌木,拉丁名:*Salix purpurea*)、夹竹桃(夹竹桃科,直立灌木,拉丁名:*Nerium oleander*)和目标河段的优势物种芦苇(禾本科,多年生草本植物,拉丁名:*Phragmites australis*)[35,118,122]。4种植物的标本如图4-7所示。

图4-7a、图4-7b、图4-7c是2017年于湖南岳阳的湖滨湿地采集的芦苇标本,图4-7d是2014年于湖南长沙洋湖湿地采集的毛八角枫标本,图4-7e是1986年于湖北保康的白水河采集的紫红柳标本,图4-7f是1954年于湖南黔阳水尾采集的夹竹桃样本(植物智:www.iPlant.cn)。

本研究采用DeBaets等[123]测得的芦苇的根系抗拉强度参数,即公式(4-8)中的参数a、b分别取34.29、−0.78;采用Nilaweera等[140]测得的毛八角枫的根系抗拉强度参数,即参数a、b分别取52.95、−0.53;采用Bischetti等[142]测得的紫红柳的根系抗拉强度参数,即参数a、b分别取26.33、−0.95;采用DeBaets等[123]测得的夹竹桃的根系抗拉强度参数,即参数a、b分别取4.41、−1.75。4种植被的抗拉强度与根系直径的关系如图4-8所示。

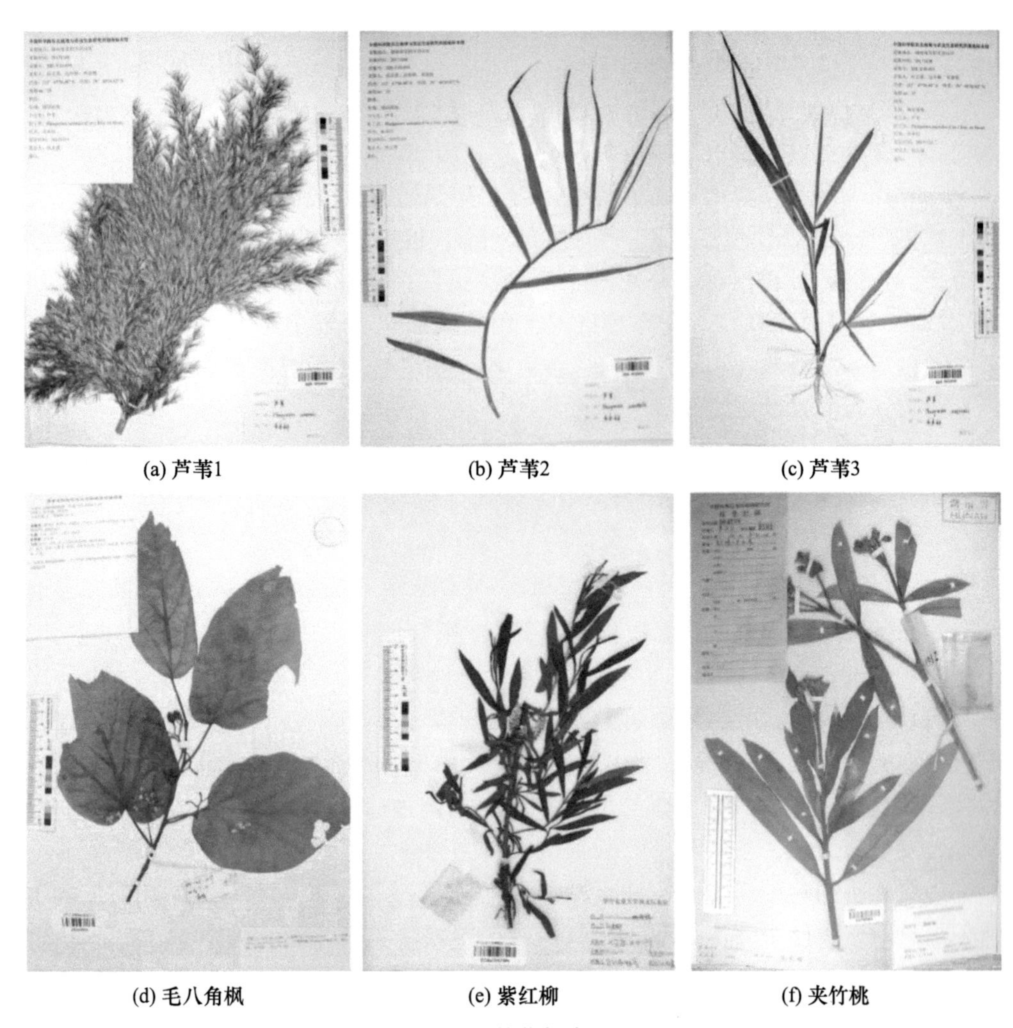

图 4-7 植物标本图

图 4-8 显示,4 种植物的根系抗拉强度从强到弱依次为:毛八角枫、芦苇、紫红柳、夹竹桃。植物根系直径与抗拉强度成反比,这与 Waldron 等[143]的研究结论一致。

(2)根径分布。在 RipRoot 模型中,根被划分为细根(0～4.9 mm)和粗根(5～10 mm)[28]。根系直径的平均分布显示,随着根直径的增加,根的数量呈非线性下降[28],且在不同生长环境下,同一物种细根数量的个体差异大[144,145]。为了更好地描述细根的数量,RipRoot 模型将细根进一步划分为直径 0～0.9 mm、1～1.9 mm、2～2.9 mm、3～4.9 mm 的更小的类别;为了适应更多的植被类型,RipRoot 模型在粗根的基础上添加了两组 10.1～20 mm、20.1～40 mm 的更宽泛的类别。这种将根划分为不同直径类别的方法与 Avani 等[146]的研究方法相似。

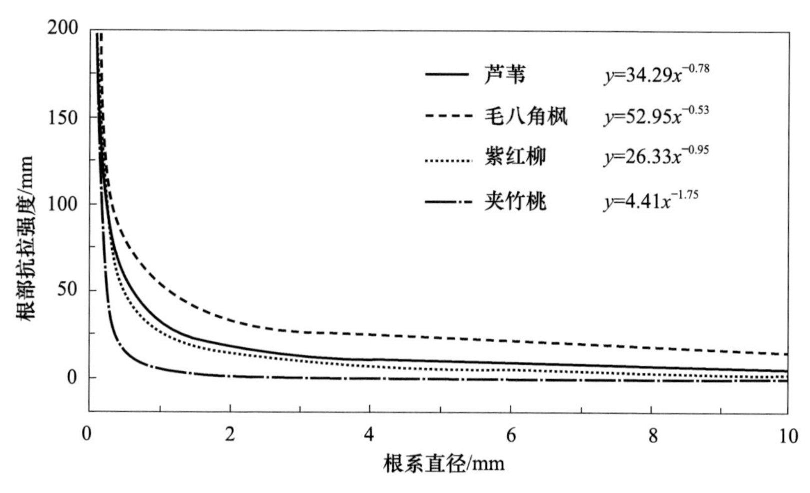

图 4-8 4 种植被的根系抗拉强度曲线

表 4-1 展示了 4 种植物的根直径类别分布情况，以及根据 RipRoot 模型计算得到的附加黏聚力。芦苇的根系数据借鉴了 Yu 等[35]的研究成果，如表 4-1 中“芦苇 1”所示。对于毛八角枫、紫红柳和夹竹桃这 3 种植物，由于缺乏其根系数据，本研究选择了与其同为一纲，在目、习性和生长环境上相似的植物代替，这些植物的根系数据来自 Zegeye 等[147]的野外测量结果。为了避免由于采样地点不同导致的根系数量差异，本研究还从 Zegeye 等[147]的研究中选取了与芦苇同属于禾本科的香草根（*Chrysopogon zizanioides*）的根系分布数据，如表 4-1 中“芦苇 2”所示。虽然这种替代方案可能导致根的数量在一定范围内波动，进而影响附加黏聚力的计算，但由于替代植物与原定植物属于同一纲、相似目，它们的根系构型也相似[148]；在亲缘相近的前提下，由于替代植物与原定植物的生长环境类似，其直径分布也相似[149]。因此，本研究中采用这种替代方案比较以毛八角枫为代表的落叶小乔木、以紫红柳为代表的丛生灌木、以夹竹桃为代表的直立灌木和荆江沿岸优势禾本科植物芦苇的固坡效果差异是可行的。

表 4-1 固坡方案设计

方案序号	植物种类	固坡方案	不同直径范围的根系数量/根					平均直径/mm	根总数/根	附加黏聚力/kPa
			0～0.9 mm	1～1.9 mm	2～2.9 mm	3～4.9 mm	5～10 mm			
1	芦苇	芦苇 1	152	92				0.88	244	2.69
2	芦苇	芦苇 2	158	183	183	100	67	2.48	691	23.19
3	毛八角枫	毛八角枫 1	32	48	44	15	5	2.05	144	7.85
4	毛八角枫	毛八角枫 2	154	230	211	72	24	2.05	691	37.19

续表

方案序号	植物种类	固坡方案	不同直径范围的根系数量/根					平均直径/mm	根总数/根	附加黏聚力/kPa
			0~0.9 mm	1~1.9 mm	2~2.9 mm	3~4.9 mm	5~10 mm			
5	紫红柳	紫红柳 1	22	17	3	5	2	1.61	49	0.64
6	紫红柳	紫红柳 2	310	240	42	71	28	1.61	691	8.81
7	夹竹桃	夹竹桃 1	138	20				0.62	158	0.35
8	夹竹桃	夹竹桃 2	604	87				0.62	691	1.52

由于“芦苇 2”的根总数显著高于“芦苇 1”,为排除根数差距对模拟结果的影响,针对毛八角枫、紫红柳和夹竹桃,本研究分别添加了 1 组根分布与“芦苇 2”的根总数一致的方案,如方案 4、方案 6、方案 8 所示。对比方案 2、方案 4、方案 6、方案 8 的附加黏聚力可知,在根总数完全一致的情况下,植被附加黏聚力的大小排序与根系抗拉强度曲线的高低顺序完全一致。

(3)算法设计。在经过《水库涉水侵蚀对岸坡稳定性影响及护坡效果研究(上册)》对 BSTEM 的修正后,本章选用荆-150 断面,迭代算法选用 IR,时间步长依据 Plan D(方案 D),坡脚顶点选用 MTT(修正 TT 节点),河道比降选用 0.00008,在考虑地下水滞后的条件下,通过对比添加植被固坡措施前后的 Fs 和崩岸宽度,衡量植被的固坡效果。

在坡顶植被的计算中,分别选用 8 种方案,逐一计算各水文事件。其中,方案 1、方案 2、方案 3、方案 5 和方案 7 是真实存在的根径分布案例,方案 4、方案 6 和方案 8 则是在与方案 2 的根系总数保持一致的条件下设计的固坡植被。荆-150 断面岸坡高 20 m,而植被根系聚集在地面以下 1 m 范围内。经计算验证,植被固坡方案对本研究中的岸坡侵蚀几乎没有防护效果,因此,在植被固坡的计算中直接采用各水文事件的 TEM(岸坡侵蚀模块)计算结果,在添加固坡方案后导入 BSM(稳定性模块)中,进行岸坡稳定性的计算,这与 Pollen-Bankhead 等[28]的研究方案一致。

在坡面植被的计算中,由于落叶小乔木在斜坡上种植生存难度较大,因此,舍弃毛八角枫和非真实存在的方案 6 与方案 8,选用方案 1、方案 2、方案 5 和方案 7 开展计算。

在坡底植被的计算中,由于芦苇在岸滩的生存能力显著高于其他 3 种植被,因此,选用方案 1 和方案 2 进行计算。

在整坡植被的计算中,将植被同时添加在坡顶、坡面和坡脚,坡顶植被、坡面植被、坡脚植被和整坡植被的模拟,选用方案 1 和方案 2 进行研究。

4.3.2 坡顶植被

与不添加固坡植被的 Plan D 相比,在坡顶添加植被后,各个植被设计方案均可提高 Fs,增幅大小与植被方案提供的附加黏聚力大小有关;各方案均可使洪水期的崩岸宽度减小，其他水文时期作用不明显。

（1）岸坡稳定性系数 Fs。依据方案 1、方案 3、方案 5 和方案 7，添加坡顶植被后，Fs 增加的水文事件分别有 37 个、56 个、8 个和 4 个。在方案 1 和方案 3 中，Fs 增量的平均值分别为 0.01 和 0.02，方案 5 和方案 7 大部分水文事件的 Fs 没有变化，在保留两位小数的条件下 Fs 增量的平均值为 0.00。

依据方案 2、方案 4、方案 6 和方案 8，添加坡顶植被后，Fs 增加的水文事件分别有 56 个、56 个、56 个和 27 个，Fs 增量的平均值分别为 0.07、0.11、0.03 和 0.01，方案 2、方案 4 和方案 6 全部 56 个水文事件的 Fs 均升高。8 种方案的 Fs 增量如图 4-9 所示。

图 4-9a 包含方案 1、方案 3、方案 5 和方案 7，图 4-9b 包含方案 2、方案 4、方案 6 和方案 8。图 4-9b 中所有折线的高度均高于图 4-9a，这说明植物根数与固坡效果成正比。图 4-9a 和图 4-9b 中的折线从高到低均为红、灰、蓝、绿，即在选定的 4 种坡顶植被中，固坡能力从高到低依次为毛八角枫、芦苇、紫红柳和夹竹桃，这与 4 种植被提供的附加黏聚力大小顺序一致。

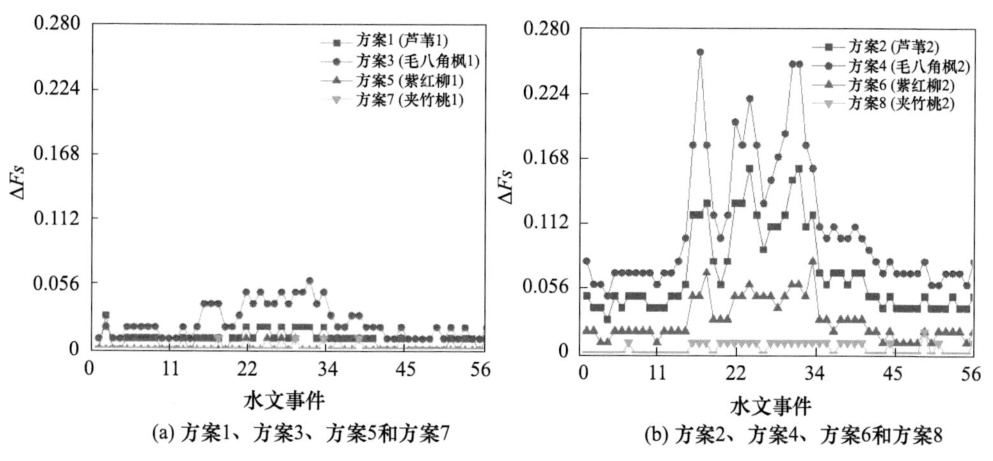

图 4-9 方案 1 至方案 8 中 Fs 相对无植被组的增量

图 4-9 显示，洪水期时 Fs 的增量较大，主要原因是洪水期时水位居高不下，接近坡顶高程，坡顶植被能够在一定程度上可以减少水流侵蚀，进而提高岸坡稳定性。

（2）崩岸宽度。依据方案 1、方案 3、方案 5 和方案 7，添加坡顶植被后，各水文时期的崩岸宽度平均减小 3.43 m，变化较小。依据方案 2、方案 4、方案 6 和方案 8，添加坡顶植被后，各水文时期的崩岸宽度平均减小 8.18 m。按 8 种方案种植坡顶植被后，各水文时期的崩岸宽度如图 4-10 所示。

添加植被后的岸坡崩岸宽度略小于无植被的岸坡，说明 4 个固坡方案均能够减小崩塌宽度，有利于维护岸坡稳定。图 4-10b 中的崩岸宽度小于图 4-10a，即崩岸宽度减小量与植物提供的附加黏聚力呈正相关。

然而,图 4-10a 中的涨水期、落水期、枯水期,与图 4-10b 中的落水期、枯水期等均出现了崩岸宽度不降反升的情况。例如,方案 1 使涨水期、落水期、枯水期 2 和枯水期 3 的崩岸宽度均增大,增幅分别为 0.07 m、0.27 m、0.03 m 和 0.25 m;方案 8 枯水期 1、涨水期、落水期、枯水期 2 和枯水期 3 的崩岸宽度均增大,增幅平均值为 0.17 m。为解释这一现象,本研究结合 BSM 的计算原理进行如下假设与验证。

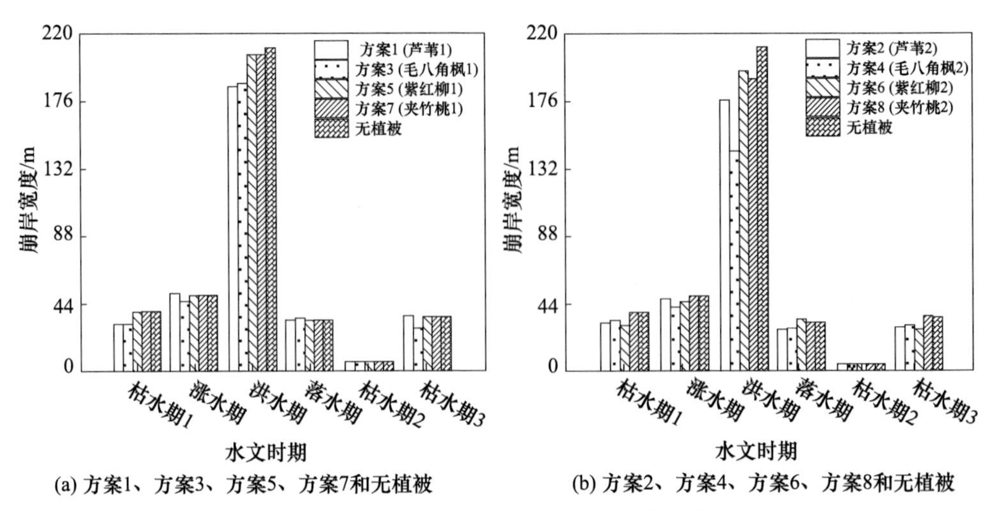

图 4-10 方案 1 至方案 8 中各水文时期的崩岸宽度

岸坡轮廓中剪切破坏高程和破坏平面角度 β 的任意组合都存在一个岸坡稳定性系数,BSM 通过寻找各组合中稳定性系数的最小值来得到 Fs[16],因此,可以推测,图 4-10 中添加了植被固坡工程后 Fs 和崩岸宽度均增大的现象,可能是由不同的 Fs 所对应的岸坡破坏平面角度不同所致。本研究依据 Yu 等[35]的植被参数,设计了方案 A 和方案 B,以探求在 BSTEM 的计算中,剪切破坏高程和破坏平面角度的关系,设计方案如表 4-2 所示。

表 4-2 验证算例的根径分布设计方案

植物种类	固坡方案	不同直径范围的根系数量/根						附加黏聚力/kPa
		0~0.9 mm	1~1.9 mm	2~2.9 mm	3~4.9 mm	5~10 mm	根总数	
芦苇	方案 A[35]	158	183	183	100	67	691	23.19
	方案 B[35]	253	110	441	625	63	1492	78.22

Fs 值的提升虽然意味着岸坡稳定性增加,但是由 BSM 的算法可知,不同的 Fs 值对应着不同的剪切破坏高程与破坏平面角度的组合。以水文事件 4 为例,无固坡方案和按照方案 B 实施植被固坡计算得到的剪切破坏高程均为 16.8 m(即河床高程),崩塌面角度 β 分别为 44.0°和 42.6°;对于水文事件 20,剪切破坏高程均为

16.8 m，β 分别为 43.0°和 40.8°；对于水文事件 45，剪切破坏高程均为 16.8 m，β 分别为 44.8°和 43.3°。由此推断，实施植被固坡在提高 Fs 的同时，在剪切破坏高程相同的情况下减小了破坏平面角度，进而导致崩岸宽度的增加。

为了证明这一猜测，本次分别选用水文事件 4（枯水期，4 种固坡方案均使崩岸宽度增大）、水文事件 9（涨水期，方案 B 崩岸宽度为 0，其余方案均使崩岸宽度增大）、水文事件 20（洪水期，4 种固坡方案均使崩岸宽度增大）、水文事件 45（落水期，4 种固坡方案均使崩岸宽度增大）进行接下来的分析。由于不论添加何种固坡方案或是不添加固坡，BSM 在得到 Fs 时寻找到的剪切出现高程都是一致的（16.8 m，即河床高程），发生变化的只有崩塌面角度，因此，接下来仅计算在剪切出现高程为 16.8 m 时，β 与 Fs 之间的关系。无植被固坡、添加固坡方案 A、添加固坡方案 B 这 3 种情况下 β 与 Fs 的关系曲线如图 4-11 所示。

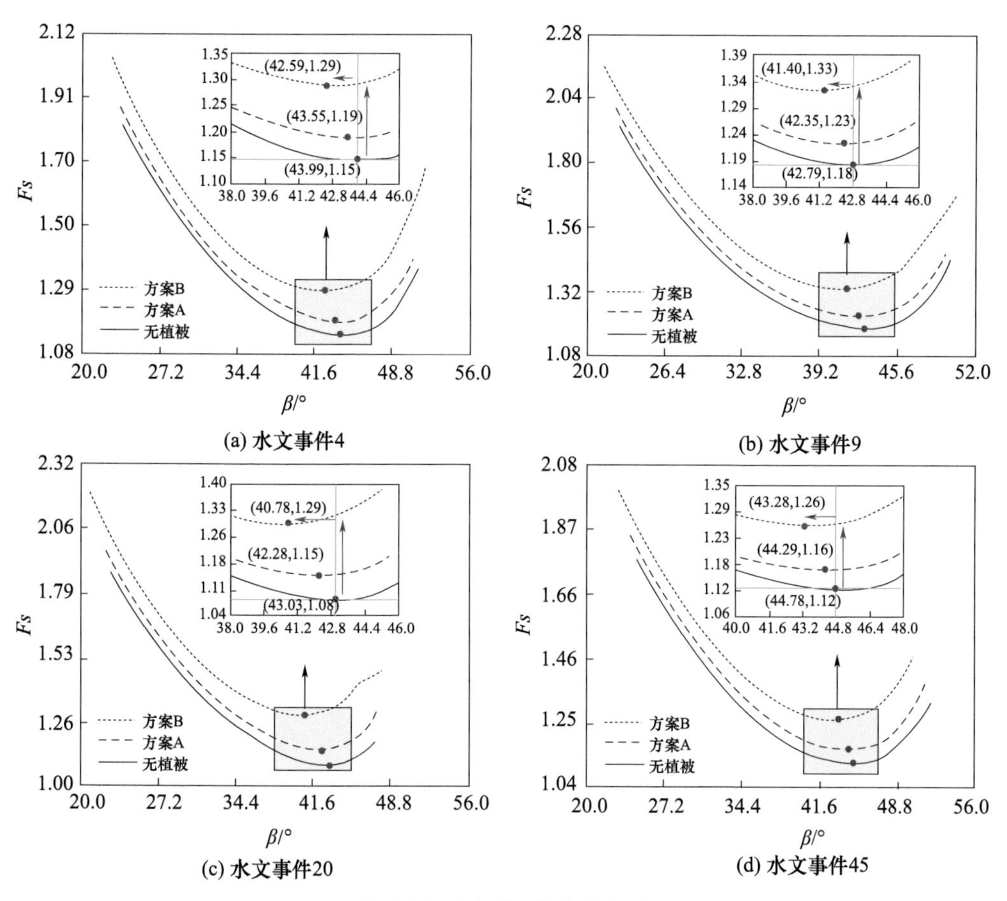

图 4-11 β 与 Fs 的关系分析

图 4-11a 至图 4-11d 分别表示水文事件 4、水文事件 9、水文事件 20 和水文事件 45，均包含 3 条曲线和 1 个局部放大图。实线、虚线、点线分别代表无植被固坡、采用

方案A、方案B时的β-Fs关系曲线,红点表示曲线最低点,红点的横纵坐标分别表示岸坡最有可能发生崩岸的崩塌面角度与岸坡稳定性系数。

整体来看,在同一个崩塌面角度下,方案B的Fs最高,方案A次之,无植被固坡的Fs最低。局部放大图显示,在添加固坡方案后,曲线最低点向左上方移动,即采用固坡方案后,在岸坡稳定性得到提高的同时,崩塌面的角度也随之减小。

植被固坡带来的Fs提高不仅仅使β-Fs关系曲线延y轴向上移动,也使曲线延x轴向左偏移。以水文事件4为例,添加固坡方案A与固坡方案B后,岸坡稳定性系数从1.15分别提高到了1.19与1.29,仍然小于1.3,即岸坡仍然崩塌,并且由于崩塌面角度的减小,崩岸宽度也发生了变化。以水文事件9为例,在添加固坡方案A后,岸坡稳定性系数从1.18提高到了1.23,仍然小于1.3;在添加固坡方案B后,岸坡稳定性系数从1.18提高到了1.33,大于1.3,避免了岸坡崩塌。水文事件20、水文事件45与水文事件4相同,虽然Fs得到了提高,但是没有阻止崩岸的发生;水文事件9则在实施方案B后维持了岸坡稳定。

以水文事件9为例,图4-12展示了减小β对崩岸宽度造成的影响。灰色折线表示岸坡轮廓,红色、蓝色、绿色直线分别表示在β不断减小情况下的崩塌面。BSTEM模型认为,若岸坡稳定性系数$Fs<1.3$,则岸坡将沿崩塌面崩岸,崩塌宽度即岸坡轮廓的最高点到崩塌面与岸坡顶部交点之间的距离。

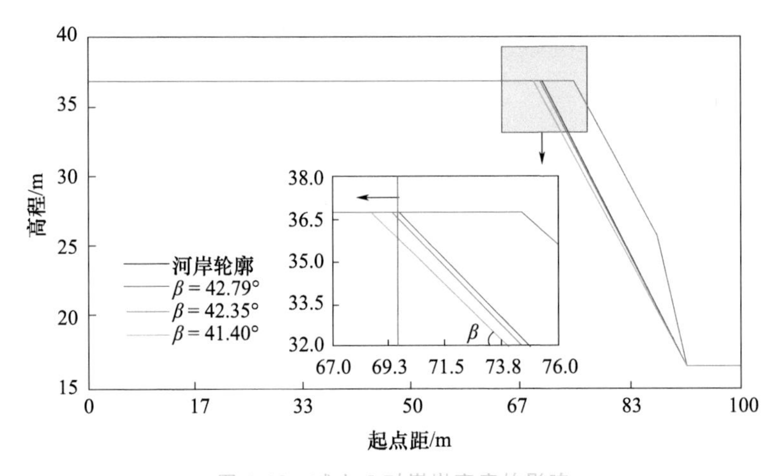

图4-12 减小β对崩岸宽度的影响

从图4-12中可以看出,随着崩塌面角度的减小,崩塌面逆时针旋转,与岸坡顶部的交点向起点方向偏移,崩岸宽度随之增大。这说明植被固坡措施在增加Fs的同时,将减小崩塌面角度,如果植被产生的附加黏聚力不足以使岸坡的稳定性系数$Fs>1.3$,那么将导致崩岸宽度的增加,发生添加植被固坡方案A反而使崩岸宽度产生增大的现象。但是对于方案B,由于植物根系提供的附加黏聚力足够大,岸坡稳定性大幅度提高,避免了崩岸的发生,从而能够极大地减小崩岸宽度。

4.3.3 岸坡坡面植被

与坡顶植被相比，坡面植被能够更大程度地提升岸坡稳定性，减小崩岸宽度。

(1)岸坡稳定性系数 Fs。依据方案 1、方案 2、方案 5 和方案 7，添加坡面植被后，所有水文事件的 Fs 均增加，增量的平均值分别为 0.70、0.74、0.62 和 0.56。坡顶植被和坡面植被的 Fs 增量对比如图 4-13 所示。

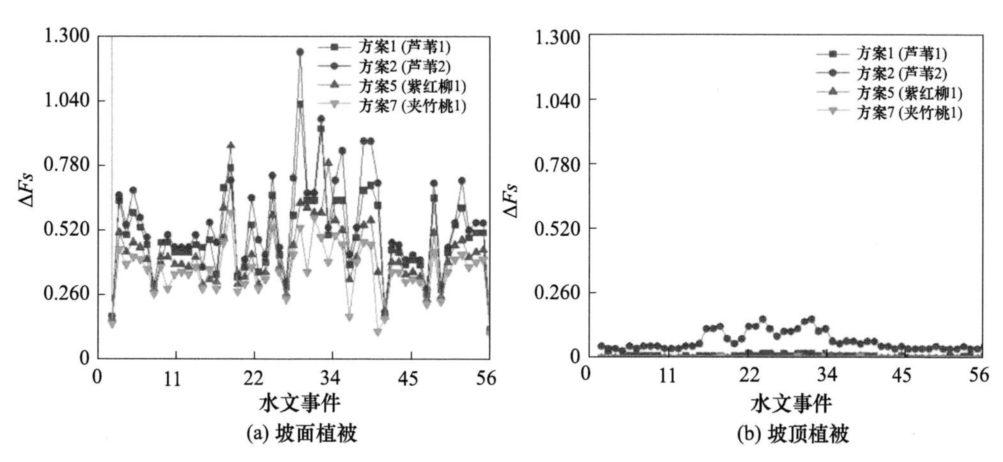

图 4-13　方案 1、方案 2、方案 5 和方案 7 中 Fs 相对于无植被组的增量

图 4-13a 和图 4-13b 分别为依据方案 1、方案 2、方案 5 和方案 7 添加坡面植被和坡顶植被时，Fs 增量的变化。图 4-13a 中所有折线均高于图 4-13b，Fs 增量平均提升了 0.64，由此可以认为，坡面植被比坡顶植被的固坡效果更好。

方案 1、方案 2、方案 5 和方案 7 的附加黏聚力分别为 2.69、23.19、0.64 和 0.35，方案 2 显著高于其他方案。图 4-13b 中红色折线显著高于其他折线，图 4-13a 中 4 条折线虽仍保持红、灰、蓝、绿的高低次序，但是间距较小。这说明坡面植被的固坡效果虽与附加黏聚力大小顺序一致，但 Fs 随黏聚力的增量小于坡顶植被黏聚力的增量。

(2)崩岸宽度。依据方案 1、方案 2、方案 5 和方案 7，添加坡面植被后，各水文时期的崩岸宽度都显著降低，平均降低 45.58 m。在方案 1、方案 2 的枯水期(包含枯水期 1 和枯水期 2)和落水期，方案 5 的落水期和枯水期(包含枯水期 1 和枯水期 2)，方案 7 的枯水期 2 等水文时期中，崩岸宽度减小至 0。添加坡面植被和坡顶植被后，岸坡的崩岸宽度分别如图 4-14a 和图 4-14b 所示。

图 4-14a 中的所有水文事件在添加坡面植被后崩岸宽度均减小，这证实了坡面植被的固坡效果。但是在洪水期中仍有崩岸发生，这与洪水期的水位条件有关。但是方案 1、方案 2、方案 5 和方案 7 分别使洪水期时崩岸宽度降低了 66.98%、67.09%、58.07%和 52.11%，大大减轻了洪水期的崩岸灾害风险。

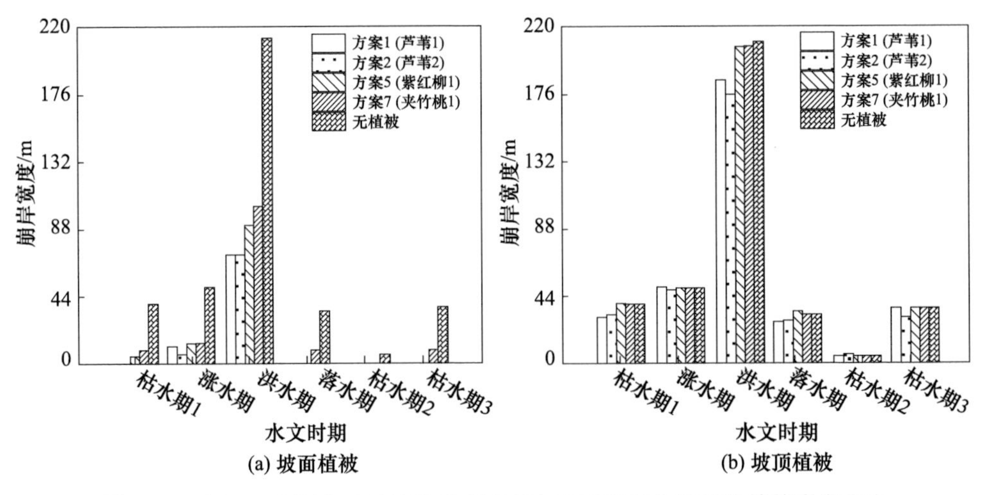

图 4-14　方案 1、方案 2、方案 5 和方案 7 添加坡面植被和坡顶植被的崩岸宽度

4.3.4　岸坡坡脚植被

本研究中，坡脚植被的种植范围为 TT 到河床的区域，此区域位于枯水位下方，在低水位时表现出较好的固坡效果，在洪水期时固坡效果较差。对岸坡稳定性提升的整体强度与坡顶植被相似。

(1)岸坡稳定性系数 *Fs*。依据方案 1 和方案 2，添加坡脚植被后，*Fs* 增大的水文事件数分别为 26 个和 41 个。*Fs* 增量的平均值分别为 0.01 和 0.04。依据方案 1 和方案 2 添加坡脚植被的 *Fs* 增量如图 4-15 所示。

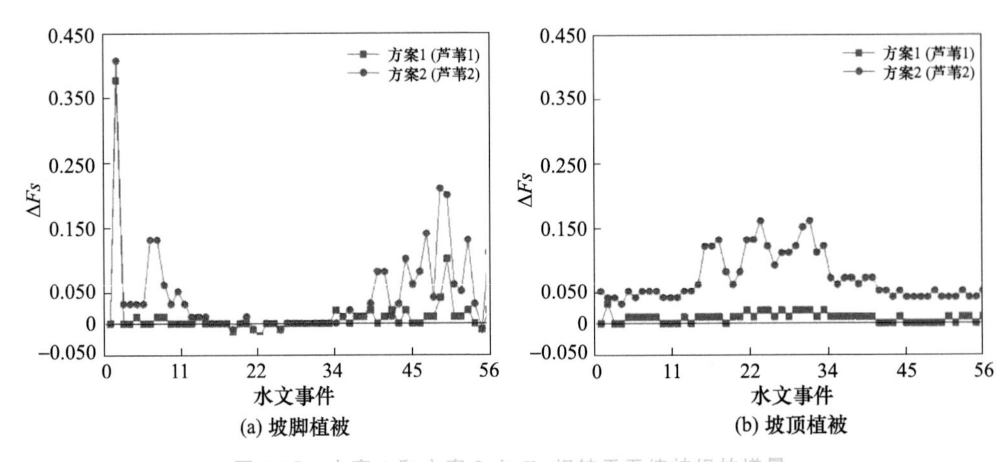

图 4-15　方案 1 和方案 2 中 *Fs* 相较于无植被组的增量

图 4-15a 和图 4-15b 分别为将植被种植在坡脚和坡顶时，岸坡 *Fs* 的增量变化。图 4-15a 中的折线两边高中间低，而图 4-15b 中的折线中间高两边低。由此可见，坡顶植被和坡脚植被在各水文时期的表现不同，坡顶植被在洪水期时能显著提升岸坡

稳定性，而坡脚植被则在枯水期、涨水期、落水期时表现出较好的固坡效果。

(2)崩岸宽度。依据方案 1 和方案 2，添加坡脚植被后，各水文时期的崩岸宽度都有所降低。方案 1 和方案 2 分别使各水文时期的崩岸宽度平均降低 0.21 m 和 7.98 m。方案 1 在枯水期、涨水期和落水期中分别造成崩岸宽度增加 0.25 m、0.59 m 和 1.50 m，这与坡顶植被中提到的 *Fs* 算法有关。添加坡脚植被和坡顶植被后的崩岸宽度分别如图 4-16a 和图 4-16b 所示。

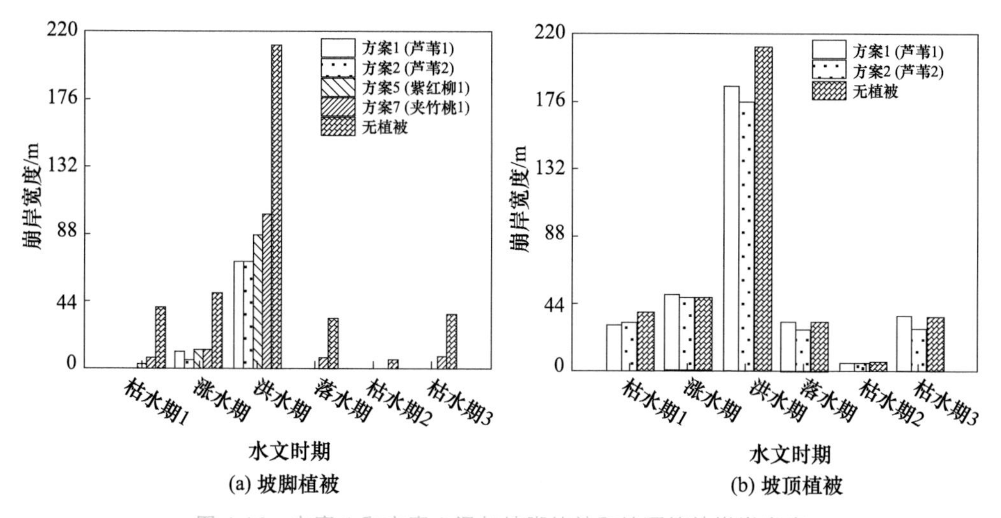

图 4-16　方案 1 和方案 2 添加坡脚植被和坡顶植被崩岸宽度

图 4-16a 中洪水期的崩岸宽度高于图 4-16b，这与前文坡脚植被与坡顶植被的 *Fs* 增量的结果一致。可以认为，坡脚植被在洪水期时的固坡效果较差，但是在其他水文时期，特别是低水位的水文事件中，坡脚植被表现出较好的固坡效果。

坡面植被和坡脚植被在减流减沙方面都优于坡顶植被[150]。这是由于河流的冲刷侵蚀是崩岸的主要原因之一，坡面和坡脚的植被能够显著降低侵蚀量，进而提高岸坡稳定性[151]。本研究涉及的坡脚植被由于种植面积较小，仅包含 TT 到河床一段，在种植面积上远不如坡顶和坡面植被，但固坡效果与坡顶植被相似，由此可以认为，坡脚植被固坡在固坡工程中具有重要意义。

4.3.5　整坡种植

坡顶、坡面和坡脚全部安置植被后，岸坡稳定性得到了极大增强。方案 1 和方案 2 的 *Fs* 分别提高了 0.72 和 0.94，崩岸宽度分别平均减少了 51.39 m 和 59.08 m。

(1)岸坡稳定性系数 *Fs*。在整坡添加植被后，岸坡的稳定性得到了极大提升。由于本研究中坡面植被的种植面积大于坡脚植被，因此，整坡植被的稳定性增量变化与坡面植被相似。坡顶植被在洪水期呈现出较好的固坡效果，坡脚植被在枯水期、涨水期和落水期呈现出较好的固坡效果，因此，整坡植被主要受坡面植被的影响,各水文时期的 Fs 增量均显著增加。这体现了 3 种空间植被的协同效应。依据方案 1 和方案 2 设置植被的 Fs 增量如图 4-17 所示。

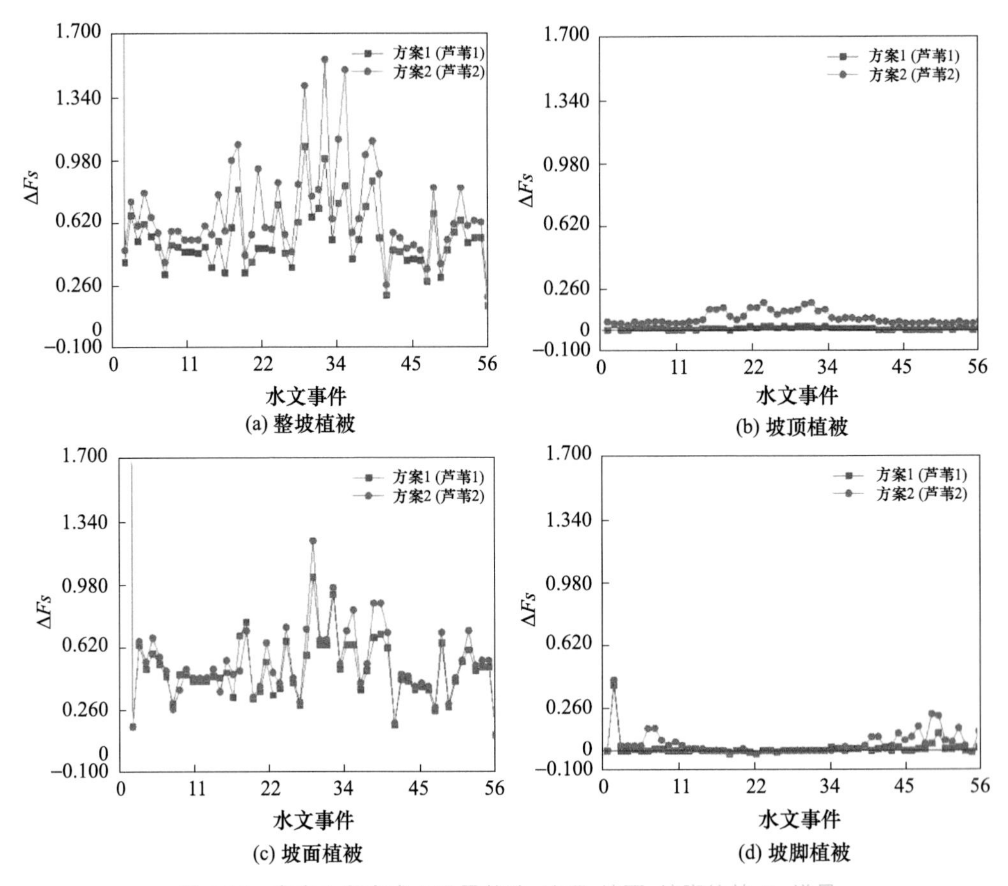

图 4-17　方案 1 和方案 2 设置整坡、坡顶、坡面、坡脚植被 Fs 增量

图 4-17a 至图 4-17d 依次为设置整坡、坡顶、坡面和坡脚植被的 Fs 增量。其中,坡顶植被与坡脚植被的固坡程度相似,但由于本研究坡脚植被范围小于坡顶植被,因此认为,坡脚植被固坡效果优于坡顶植被。在坡顶植被、坡面植被和坡脚植被的共同作用下,整坡植被的固坡效果达到最优,方案 1 和方案 2 分别使岸坡 Fs 提升 62.40%和 81.40%,极大提高了岸坡稳定性。

(2)崩岸宽度。整坡植被大幅降低了岸坡的崩岸宽度,如图 4-18 所示。

图 4-18a 至图 4-18d 依次为设置整坡、坡顶、坡面和坡脚植被的崩岸宽度。图 4-18c 显示,添加坡面植被已经使得枯水期和落水期的崩岸宽度降低为 0,在此基础上,再添加坡顶和坡脚植被仍然能够进一步提高岸坡稳定性。其中,方案 2 在整坡植被中对岸坡稳定性的贡献非常明显,整个研究时段的崩岸宽度仅为 17.33 m。依据方案 1 和方案 2 的整坡植被设计,崩岸宽度分别减少了 82.94%和 95.34%。

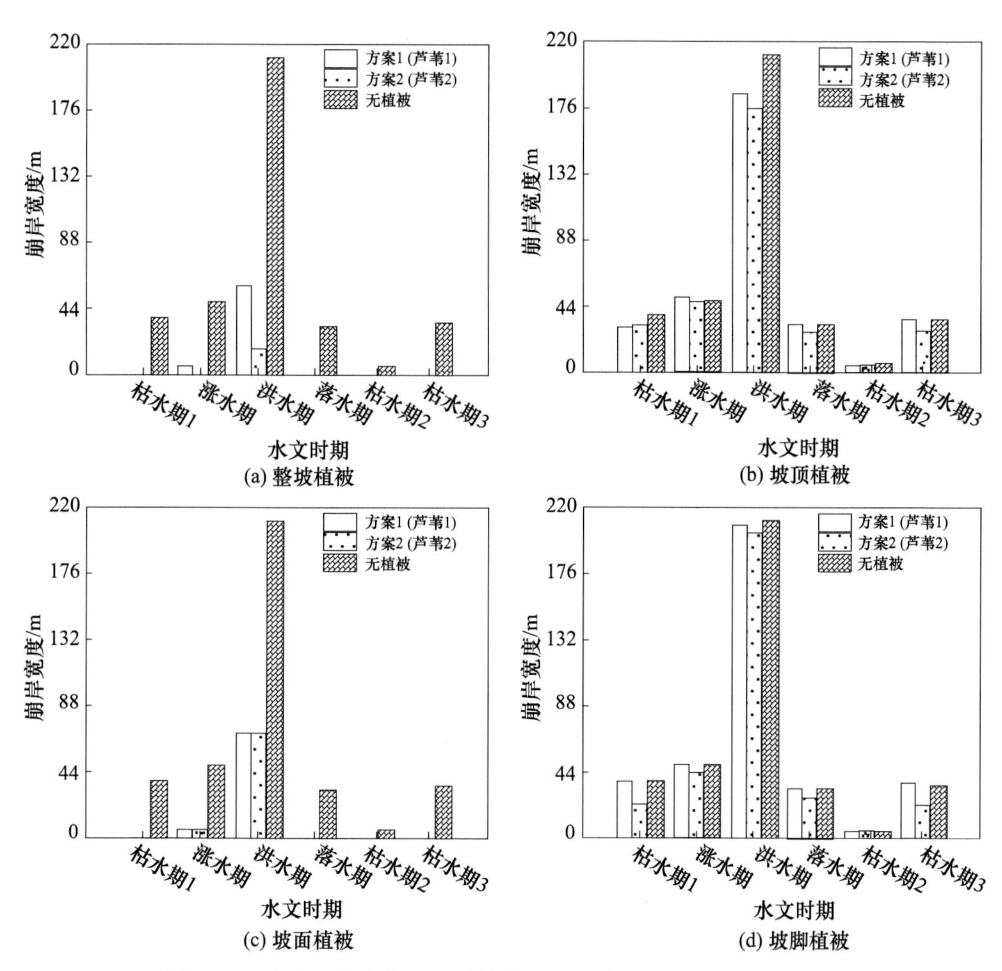

图 4-18 方案 1 和方案 2 设置整坡、坡顶、坡面、坡脚植被崩岸宽度

(3)水文事件 1 的侵蚀轮廓。在本研究中,坡顶植被由于位置过高,难以对抗坡脚侵蚀,因此,坡顶植被算例的 TEM 模块结果与无植被算例的结果一致,仅在 BSM 中表现出提高岸坡稳定性的作用。对于坡面、坡脚和整坡植被而言,都能通过减少侵蚀来维护岸坡稳定。图 4-19 分别展示了水文事件 1 初始轮廓和经 TEM 计算得到的侵蚀后轮廓的比较。

图 4-19a 和图 4-19b 分别依据方案 1 和方案 2 设计的固坡植被。两图中,黑色实线是侵蚀前的初始轮廓,两个固坡方案的初始轮廓完全一致;蓝色点线表明岸坡受到了强烈的水流冲击,原有的坡脚被完全冲刷,坡面也受到了侵蚀。此处侵蚀后的岸坡轮廓呈直角,是 TEM 模块为保证河床高程一致而进行的理想化设计。

两图中的紫色虚线轮廓是坡脚受到冲刷、坡面得到保护的情况,坡脚部分泥沙被水流带走,但相比于蓝色点线而言,坡面处的岸坡几乎没有变化。由于方案 2 相较于方案 1 提供了更大的附加黏聚力,因此,图 4-19b 中的紫色虚线略高于图 4-19a。

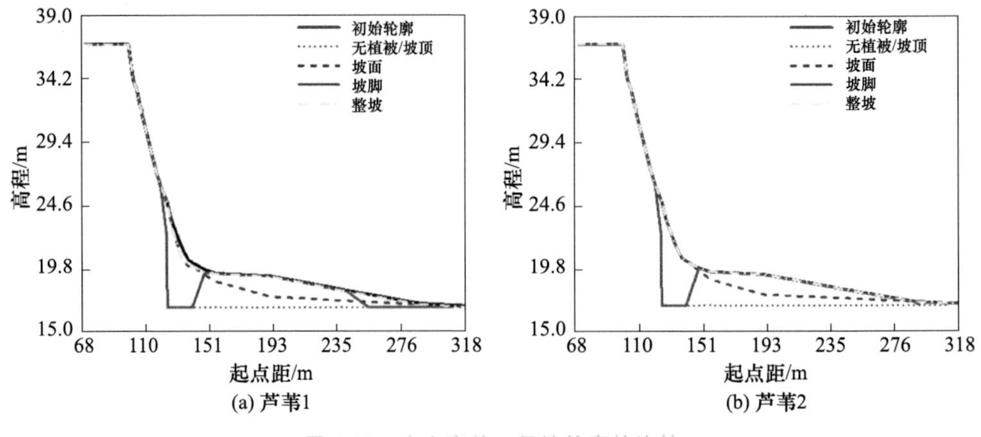

图 4-19 水文事件 1 侵蚀轮廓的比较

两图中的红色实线呈现出几乎一致的走向，虽然表现为坡脚受到保护，但是坡面被侵蚀，这种侵蚀方式在水位高涨的洪水期不利于岸坡稳定。

图中代表整坡植被的黄色点划线与初始轮廓几乎重合，说明在坡脚和坡面植被的双重作用下，水流侵蚀几乎能被完全抵制，极大提高了岸坡稳定性。

4.4 降雨作用下植被护坡研究

4.4.1 模型建立与模拟工况选择

水库岸坡生态护坡应根据不同区域的环境特征，选择适合的植被类型分区分类治理。在岸坡坡顶等常年出露区域实施乔-草综合配置模式，对于坡度较大的岸坡和立坡处，选择耐水湿和耐干旱树种(如柳树)，采用人工斜向坡脚打孔插柳桩的造林技术措施进行植被护坡。

(1)护坡方案。根据黄壁庄水库消落区植被自然分布特征及植被治理方案[61,62]，本次选取刺槐、狗牙根、旱柳 3 种植被进行护坡。在岸坡坡顶，采用乔-草综合配置模式，种植以刺槐为代表的乔木与以狗牙根为代表的草本植物进行护坡，狗牙根采用播种繁殖，在坡顶自然撒播种子，播前人工翻土，播后用植生网覆盖，种植密度为 150 株/m^2。在岸坡坡面采用插桩法种植旱柳，在陡岸处 45°角打入直径不小于 8 cm、长度不小于 1 m 的成活柳桩，种植密度为 0.4 株/m^2。

本章将详细探讨植被护坡方案中各种设计选项的效果，包括坡顶护坡方案中的裸露坡面、草本植物护坡、乔木护坡、草木综合配置护坡，以及坡面旱柳护坡等情况[152-170]。

(2)模拟工况。在研究降雨作用下不同护坡方案的安全系数变化时，选择长时间持续降雨工况进行模拟，模拟降雨强度为 100 mm/d，降雨持续时间为 5 d。在研究不同降雨强度下植被护坡的安全系数变化时，采用降雨强度为 0 mm/d、10 mm/d、20 mm/d、40 mm/d、80 mm/d、150 mm/d 的降雨进行分析。

本节将重点分析护坡方案在不同条件下对边坡渗流场特性和安全系数变化的影响规律，各植被护坡工况如表 4-3 所示。

表 4-3　植被护坡效果研究方案

工况编号	坡顶护坡方案	坡面护坡方案
1	无	无
2	刺槐	无
3	狗牙根	无
4	刺槐＋狗牙根	无
5	无	旱柳
6	刺槐＋狗牙根	旱柳

(3)模型建立与边界条件。刺槐具有快速向下生长的直根，并能深入土壤底层，其侧根也向深处发展，根系整体呈垂下型分布，属于 Tap 型(垂直根型)植物[60]。狗牙根的根系为须根型，须根细而紧密，分布较广，根系主要分布在表层 50 cm 的土壤中，属于 Plate 型(水平根型)植物[63]。旱柳初生直根粗且均匀分布，侧根沿水平方向伸展，分布密集，内膛根则极不发达，呈 Plate 型(水平根型)分布。以树龄 3 a 的植株为例，根系主要分布在 70 cm 的土层中，0～20 cm 土层中根系含量最大，多为水平根，21～40 cm 土层次之，多为斜生根，41～70 cm 土层中只有部分根系有少数垂直根分布，中心根系区宽度约为 2.1 m[60,64]。

狗牙根种植在岸坡坡顶，且种植密度较大，设置表层 0.5 m 深度土壤为根—土复合体。刺槐种植在坡顶，设置长 2 m、深 2 m 的 Tap 型根—土复合体，植株间距为 3 m。旱柳种植在坡面，设置长 2 m、深 0.7 m 的 Plate 型根—土复合体，植株间距为 2.5 m。护坡方案 6 的岸坡模型如图 4-20 所示，其中，A、B、C 3 个监测点位于根—土复合体作用范围内，监测点 D 位于无根系土体中。模拟时忽略树木及根系自重，

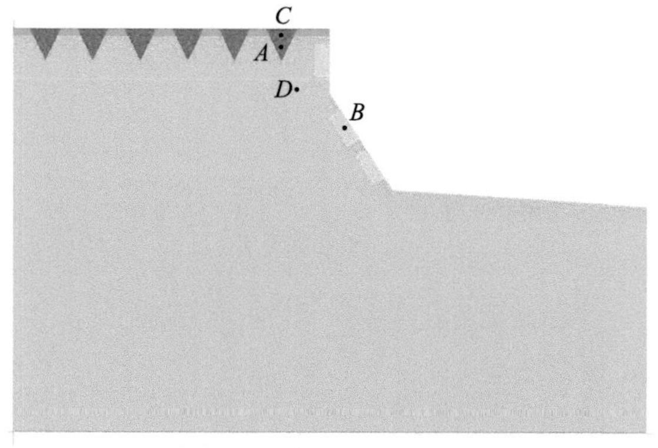

图 4-20　方案 6 岸坡模型与根—土复合体分布

模型中的土体参数如表 4-4 所示,岸坡土壤与根—土复合体的水土特征曲线以及渗透系数曲线分别如图 4-21 和图 4-22 所示。

表 4-4　植被护坡土体参数[52-54,65,66]

	饱和渗透系数/(m/s)	黏聚力/kPa	内摩擦角/°	饱和含水率/%	单位重量/(kN/m³)
黄土状壤土	4.3×10^{-6}	16	26.4	23.2	18.0
狗牙根根—土复合体	5×10^{-5}	30	26.9	40.0	18.0
刺槐根—土复合体	1×10^{-5}	50	26.9	30.0	18.0
旱柳根—土复合体	3×10^{-5}	40	26.9	35.0	18.0

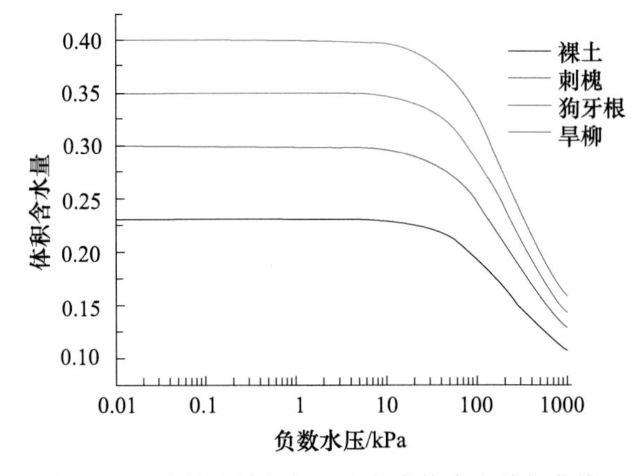

图 4-21　岸坡土壤与根—土复合体水土特征曲线

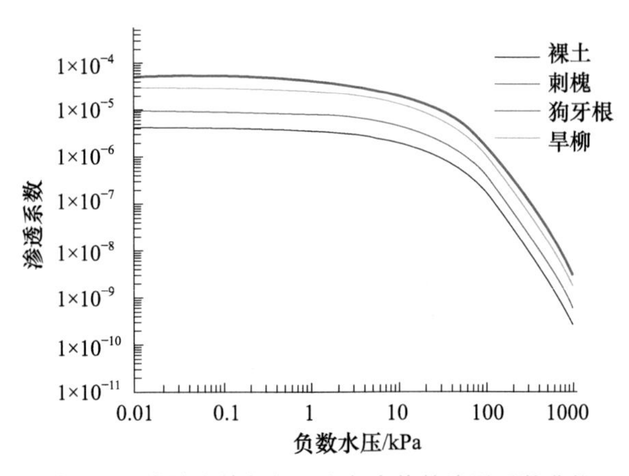

图 4-22　岸坡土壤与根—土复合体的渗透系数曲线

4.4.2　结果与分析

(1)岸坡渗流分析。在持续降雨工况下,岸坡上监测点 D 的土壤含水率变化如

图 4-23 所示。不同护坡方案对岸坡的渗流产生显著影响，植被对岸坡渗透性的调节作用尤为明显。根据图 4-23 分析，不同植被种植后的土壤含水率变化趋势在一定程度上表现出一致性。特别是在监测点 D，其饱和含水率未受植被根系影响，因此，在不同工况下最终达到的土壤含水率相同。当对比其他有植被的工况与无植被的工况时，可以明显看出，在植被护坡的情况下，岸坡内部的土壤含水量上升速度明显减缓，土壤达到饱和状态所需的时间更长。且植被种植量越大，土壤含水率变化越慢。这可能是由于植被的根系结构和密度改变了土壤孔隙度、水分分布和渗透性，进一步影响了岸坡内部土壤含水率的变化速度和最终达到饱和状态的时间。

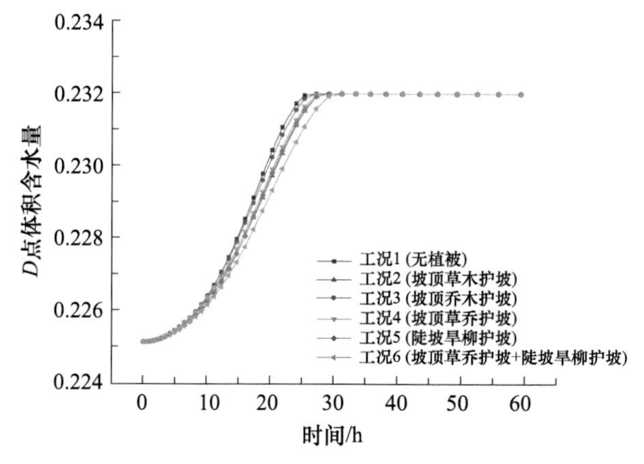

图 4-23 监测点 D 体积含水率的变化

工况 6 条件下 3 种植被都进行了种植，A、B、C、D 4 个监测点的体积含水率变化如图 4-24 所示。

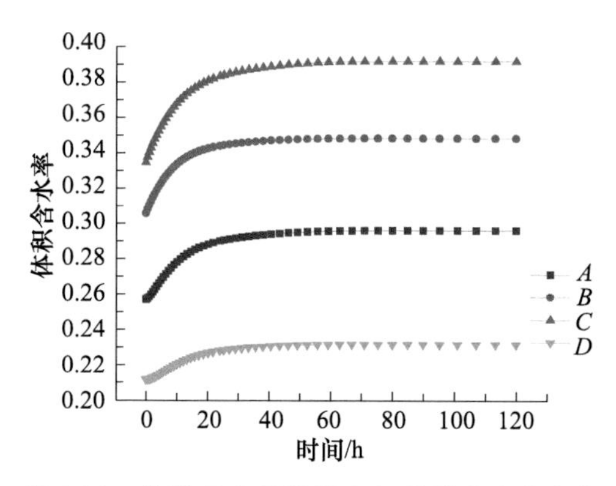

图 4-24 监测点 A 至监测点 D 体积含水率变化

根据图像观察，监测点 A 至监测点 D 所记录的土壤含水量在降雨过程中逐步增加，直至达到土壤的饱和含水量。这表明随着降雨的持续，土壤逐渐吸收水分，直到不能再吸收更多水分为止。

5 d 持续降雨过程中,整个岸坡的体积含水率变化如图 4-25 所示。

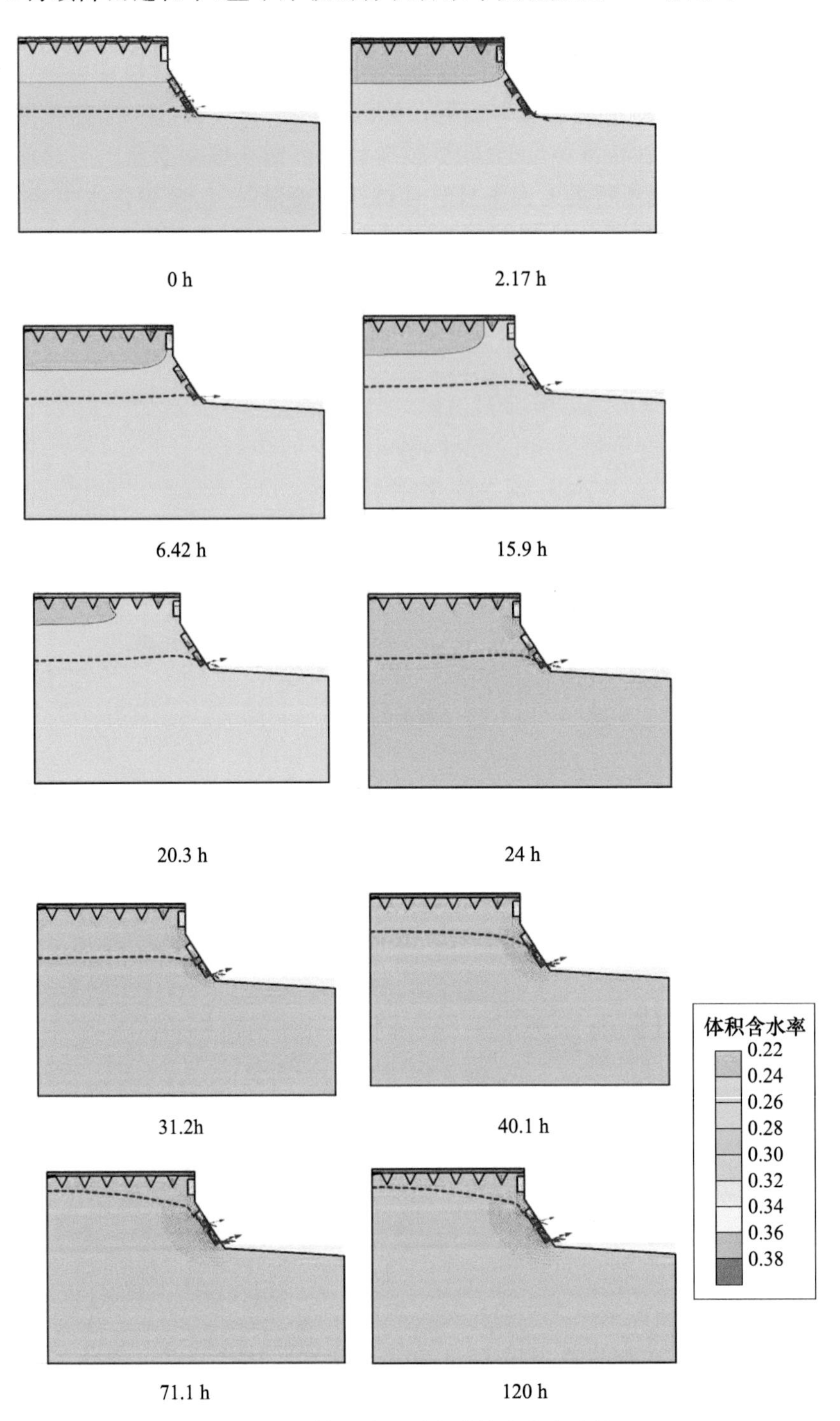

图 4-25 持续降雨过程岸坡含水率变化

添加植物根系能够增加土壤的孔隙度，提高土体的通透性，显著改善土壤的渗透性，使根—土复合体的渗透系数增大。初始与降雨结束时 4 个监测点的体积含水率顺序均为 $C>B>A>D$，这是由于不同植被增强土体渗透的能力不同，监测点 C 处种植的狗牙根是根系发达的草本植物，增大了土壤饱和含水量，且对表层土体的渗透系数影响较大，因此可以使土体保持较高的含水量。

降雨开始后，几种根—土复合体由于导水性能较强，含水量变化较快，与岸坡土体差距很大，并很快达到饱和状态。由图 4-25 中箭头表示的渗流矢量可知，坡面与坡脚处的旱柳起到了排水的作用，由于根—土复合体渗透性较强，岸坡中的水分从这里排出。24 h 后，排水与雨水入渗达到平衡，在降雨不断持续的情况下，岸坡土壤含水量分布基本不变。

(2)岸坡稳定性分析。降雨强度为 100 mm/d 时，不同护坡方案的安全系数变化如图 4-26 所示。随着降雨的持续，各工况下的边坡安全系数均呈现快速下降趋势，但随着土体完全饱和，安全系数下降速度逐渐变慢。没有植被护坡时，即工况 1 条件下，岸坡安全系数为最低，说明不同位置的植被护坡均可以提高岸坡稳定性。

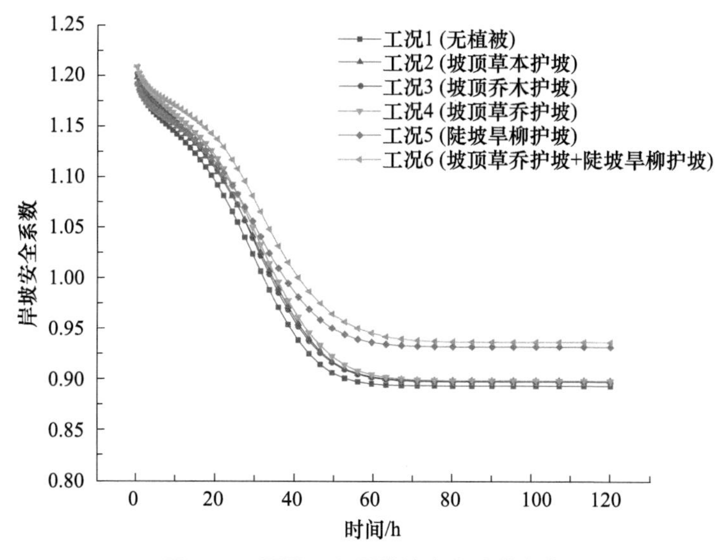

图 4-26　不同工况下岸坡安全系数变化

在坡顶护坡方案中，工况 1 至工况 4 安全系数的变化如图 4-27 所示。在 27.3 h 前，不同护坡效果排序为工况 4>工况 2>工况 3>工况 1。此时，护坡效果最好的是刺槐与狗牙根混种的乔-草护坡模式。在这一阶段，单独种植刺槐的护坡效果好于单独种植狗牙根的护坡效果。在 27.3 h 后，不同护坡效果排序为工况 4>工况 3>工况 2>工况 1。此时，护坡效果最好的仍是刺槐与狗牙根混种，这体现出乔-草护坡模式的良好护坡效果。在这一阶段，单独种植狗牙根的护坡效果好于单独种植刺槐的护坡效果。在降雨前期,坡顶单独种植木本植物刺槐的护坡效果更优;在降雨后期,坡顶单独种植草本植物狗牙根的护坡效果更优。这主要是因降雨前期土体含水量快速上升,植被的渗透调节作用相较于根系加固作用更显著,木本植物的根系通常更深更广,作用范围更大的刺槐可以更好地影响岸坡渗透,减缓含水量的上升。在降雨后期,岸坡含水量变化速度减缓,植被的根系加固作用相较于渗透调节作用更为显著,狗牙根等草本植物具有较为浅而密集的根系,形成的根—土复合体的黏聚力更高,可以更好地加固土体,从而增强岸坡稳定性。因此,根据降雨前后期不同的水文条件和植被的生长特性,选择合适的植被种类,能够最大限度地提升护坡效果。

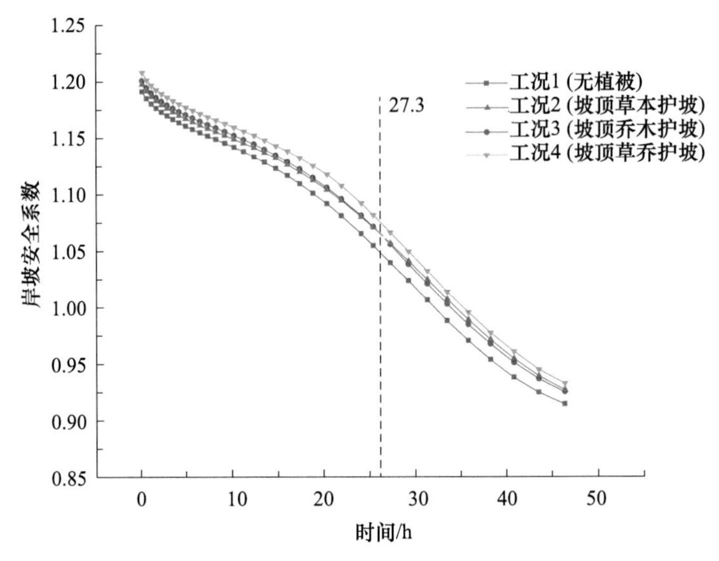

图 4-27　坡顶植被护坡工况 1 至工况 4 岸坡安全系数变化

在坡面护坡方案中,工况 1、工况 4、工况 5 安全系数的变化如图 4-28 所示。坡面种植旱柳护坡的工况 5 与无植被的工况 1 相比安全系数整体提高,说明坡面护坡有着很好的效果。坡面种植旱柳护坡的工况 5 与坡顶种植乔-草护坡的工况 4 相比,降雨前期坡顶护坡效果更好,后期坡面护坡效果更好。降雨初期,坡顶降雨入渗总量更大,坡顶植被可以对这部分入渗量加以控制,减缓安全系数下降速度。降雨后期,岸坡水分分布逐渐稳定,旱柳发达的水平根系分布以及更高的附加黏聚力可以更好地增强岸坡稳定性。根据降雨的时间分布和植被的生长特点,合理选择种植位置,可以最大程度提高植被护坡的效果。

在不同降雨强度下,坡顶与坡面均进行植被护坡(工况 6)的岸坡稳定性变化如图 4-29 所示。与无植被护坡相比,不同降雨强度下 24 h 时岸坡安全系数的最小值如表 4-5 所示。

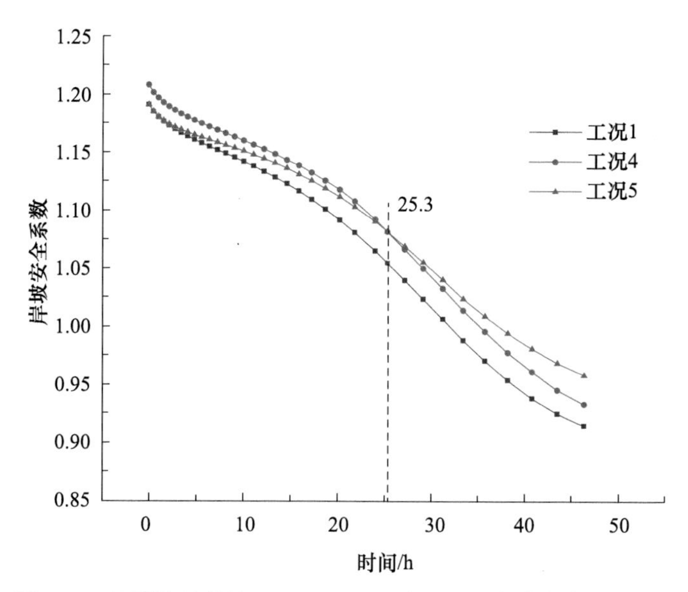

图 4-28　坡顶植被护坡工况 1、工况 4 和工况 5 岸坡安全系数变化

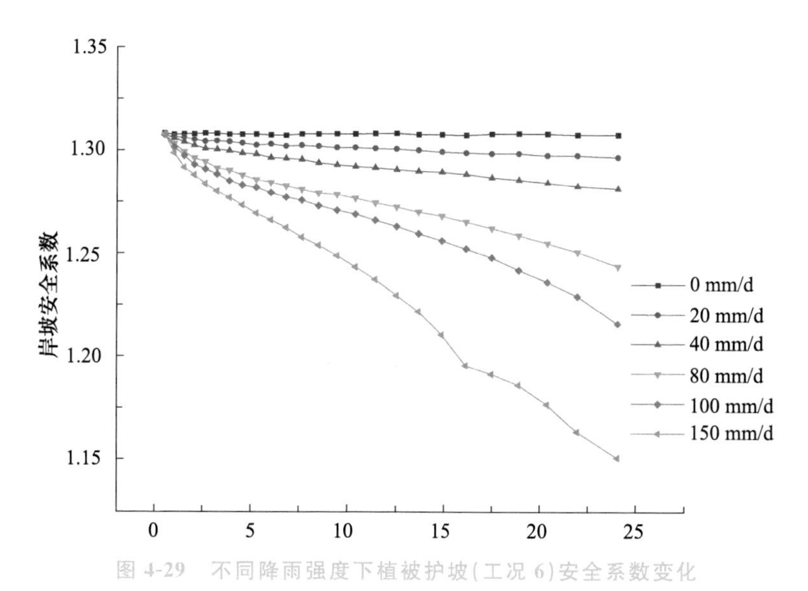

图 4-29　不同降雨强度下植被护坡(工况 6)安全系数变化

表 4-5　不同降雨强度植被护坡作用下安全系数最小值

降雨强度	0 mm/d	10 mm/d	20 mm/d	40 mm/d	80 mm/d	150 mm/d
无植被护坡	1.1822	1.1811	1.1793	1.1756	1.1650	1.1289
有植被护坡	1.3076	1.2966	1.2814	1.2438	1.2160	1.1514
安全系数增量/%	10.61	9.78	8.66	5.80	4.38	1.99

由表4-5可知,在所有降雨强度下,有植被护坡的岸坡安全系数均高于无植被护坡的情况。随着降雨强度的增加,两种情况下的安全系数最小值均呈现下降趋势,但有植被护坡的岸坡安全系数明显高于无植被护坡的情况。

此外,随着降雨强度的增加,植被护坡作用下的安全系数的增量也逐渐下降。安全系数增量随着降雨强度的增加呈现递减趋势。在低降雨强度(如10 mm/d)时,增量较大,高达10.61%,但随着降雨强度增加到150 mm/d,安全系数的增量降至1.99%。这表明植被护坡在低到中等降雨强度下能够更有效地提升坡面的稳定性,但在极端高降雨情况下,其护坡效果会下降。植被护坡在低到中等降雨强度下,通过植被根系增强土壤黏聚力,减缓入渗速度,有助于提升坡面稳定性;然而,在极端高降雨情况下,水流入渗速度过快,可能使植被根系无法充分发挥固结与调节作用,导致植被护坡的效果减弱。

4.4.3 结论与建议

本书提出了岸坡稳定性模拟的优化迭代算法,分析坡脚顶点和稳定性系数的分界点对模拟结果的影响,并在考虑地下水滞后和河道比降的条件下验证模拟结果。以黄壁庄水库为基础,探讨了降雨、水位升降、风浪及植被生态护坡对岸坡稳定性的影响。在黄壁庄水库岸坡稳定性研究方面取得了一定的成果,并为岸坡稳定性优化提供了相应建议。

(1)提出了岸坡稳定性与崩岸模拟的优化迭代算法。将目标研究时段按照时间步长由大到小分为Plan A至Plan F,分别按原始迭代算法(OR)和改进迭代算法(IR)计算岸坡稳定性。结果显示,随时间步长的缩小,崩岸宽度误差在14.85%~80.50%波动,说明时间步长对模拟结果影响显著;OR和IR的模拟结果随时间步长的缩小趋于一致但速率不同,OR需时间步长为3.5 d才能使相对误差小于15%,而IR可为8.75 d,这意味着IR可以降低时间步长对模拟结果的影响,提高计算效率。使用IR分析坡脚顶点和稳定性系数的分界点对模拟结果的影响,并在考虑地下水滞后和河道比降的条件下验证模拟结果。结果表明:采用默认TT导致节点分布混乱,崩岸宽度误差高达65.7%,而修正TT可以将相对误差降低至14.2%;不同的Fs分界点对岸坡稳定性变化趋势没有影响,但是选择$Fs=1.0$比$Fs=1.3$的崩岸宽度小13%;地下水的滞后性在涨水时有助于岸坡稳定,在落水时则促进岸坡崩塌;在河道比降范围内,优化后的模型崩岸宽度与实测值的误差降至2.2%,优化效果较好。

(2)在降雨对岸坡稳定性影响研究中,首先基于非饱和土一维垂直入渗基本理论,探究了经典的Green-Ampt入渗模型和Philip入渗模型,并提出了改进形式。在改进模型的基础上,建立了计算降水对岸坡稳定性影响的非积水入渗模型和积水入渗模型,并利用Geostudio软件在不同降雨条件下进行模拟,得出了不同降雨强度对岸坡渗流和稳定性的影响。模拟结果表明，降雨对岸坡稳定性产生显著影响。降雨入渗会导致土体含水率很快上升，降雨强度较大时，含水率上升较快，且有可能很快达到饱和甚至岸坡完全饱和，同时降雨停止后岸坡的安全系数下降速度较快，而相应的降雨结束后的恢复过程也较为缓慢。较大的降雨可能会使安全系数下降至 1 以下，导致发生崩岸。在相同的降雨总量条件下，雨强峰值的出现时间先后顺序对边坡稳定性具有显著影响。当降雨过程中早期出现雨强峰值时，边坡的安全系数往往较早开始下降，但较晚出现雨强峰值的降雨型式对边坡稳定性的不利影响更为显著。雨强峰值后期出现时，岸坡安全系数下降会更多，使得边坡稳定性受到更大威胁，引发地质灾害的风险增加[56]。建议在岸坡设计和管理中针对极端降雨情况考虑更为保守的安全系数，采用高效的水库岸坡防护措施和排水系统，确保及时排除岸坡内部的积水，减缓土体饱和过程，从而保持岸坡的稳定性。降雨过程应监测岸坡的变化情况，及时发现潜在的稳定性问题并采取预防措施。

(3)在水位变化对岸坡稳定性影响的研究中，使用有限元模拟探究了不同水位升降速度下，岸坡渗流与稳定性变化。研究结果显示，水位上升过程中，岸坡内部水位线随库水位变化而上升，但存在明显的滞后效应，在水位快速上升时，岸坡稳定性系数逐渐增加，表明水位上升有利于岸坡稳定。相反，水位下降时，特别是水位快速下降时，岸坡稳定性系数急剧减小，这是因为水位变化快速导致岸坡内部渗流路径未能及时调整，增加了岸坡崩岸的风险。工程实践中应根据实际情况合理调控水位变化速率，以减少岸坡稳定性受到的不利影响，确保水库安全稳定运行。

(4)在风浪对岸坡稳定性影响的研究中，深入探究了风浪对岸坡稳定性的影响规律，提出了一种依据工程设计规范经验公式与岸坡稳定性原理计算风浪侵蚀和岸坡崩岸的方法，该方法模拟了风浪侵蚀过程中的岸坡稳定性演化过程。选取黄壁庄水库两处侵蚀严重的岸坡作为研究案例，模拟计算了 1968—2020 年岸坡侵蚀和崩岸过程，并与岸坡实测风浪崩岸深度对比，验证了本书计算方法可以较好地计算水库风浪侵蚀量和崩岸过程。通过模拟结果可知，在崩岸过程中风浪起主要作用，岸坡侵蚀主要作用部位是岸坡坡脚，岸坡失稳的主要原因是风浪侵蚀导致岸坡横向后退而形成的易坍塌垂直面。当岸坡坡脚的侵蚀后退距离积累到一定程度时，在后退过程中容易形成较高的垂直面，当风浪进一步侵蚀新形成的高垂直面时，岸坡将发生大面积失稳破坏。在工程实践中，由于风浪侵蚀主要影响岸坡坡脚区域，建议采用坚固的防护措施，如设置混凝土护坡、石毯等，以减少风浪的直接侵蚀效应。这些措施可以有效降低岸坡坡脚的侵蚀后退速度，延缓岸坡的失稳过程。

(5)在植被生态护坡对岸坡稳定性作用的研究中，采用 RipRoot 模型研究方法与将根一土复合体等效成连续介质的研究方法，探究了在水位时期变化以及降雨条件下，植被种类、种植位置等因素对生态护坡的影响。结果表明，植被根系可以通过增强土壤黏聚力与调节渗流过程两个方面增强岸坡稳定性。植被种植量与种植范围增大时固坡效果更好。植被种植位置对护坡效果有很大影响。植被存在时发生崩岸,由于崩塌面面角度变小,崩岸宽度反而增加。木本植物在降雨前期可以更好地提升岸坡稳定性,草本植物在降雨后期固坡效果更显著。植被护坡在低到中等降雨强度下能够更有效地提升坡面的稳定性,但在极端高强度降雨情况下,其护坡效果会下降。因此,根据降雨前后期不同的水文条件和植被的生长特性选择合适的植被种类以及合理选择种植位置,能够最大限度地提升护坡效果。

(6)实现了包括风浪、水流侵蚀、降雨、水位、地下水和植被等主要影响因素耦合作用下的岸坡稳定性和崩岸宽度预测方法。研究发现水位上升、地下水水位下降和植被的合理种植可以提高岸坡的稳定性,减少崩岸宽度。同时,风浪、水流侵蚀、降雨、水位快速下降、地下水上升可以降低岸坡稳定性,增加崩岸宽度。其中,风浪、水流侵蚀、降雨、水位快速下降对岸坡稳定性影响较大,植被合理种植是减少岸坡失稳的重要手段,应该在固坡实践中加以重视。在岸坡特别是坡脚种植植被可以有效减缓波浪和降雨对岸坡的侵蚀,大大减少岸坡崩岸宽度,提高岸坡的稳定性。在岸坡和坡顶种植植被可以有效减缓降雨对岸坡的侵蚀,减小岸坡崩岸宽度,提高岸坡的稳定性。

本书优化了岸坡稳定性模拟方法,揭示了水库库岸在各种常见外部作用下的滑坡的诱发机理,研究并模拟了降雨、水位变化、地下水延迟与风浪、植被护坡等作用下对岸坡稳定性的影响和崩岸宽度,提出了生态护坡各区域植被护坡种植的效果与影响因素,给出了不同种植区域固坡的作用机理和技术方法。研究成果对于保障水库结构稳定、水质健康以及人民生命财产安全具有重要意义。

参考文献

[1] JI F,SHI Y,LI R,et al. Progressive geomorphic evolution of reservoir bank in coarse-grained soil in East China-Insights from long-term observations and physical model test[J]. Engineering Geology,2021,281(105966):1-14.

[2] 杨珏婕,李广贺,张芳,等. 城市河道生态环境质量评价方法研究[J]. 环境保护科学,2022,48(6):81-85,115.

[3] 陈凤玉,姚仕明. 国内外崩岸成因与治理研究综述[M]. 北京:中国水利水电出版社,2003.

[4] SIMON A,CURINI A,DARBY S E,et al. Bank and near-bank processes in an incised channel[J]. Geomorphology,2000,35(3):193-217.

[5] CELEBUCKI A W,EVISTON J D,NIEZGODA S L. Monitoring streambank properties and erosion potential for the restoration of Lost Creek[C]//World Environmental and Water Resources Congress,2010.

[6] 张幸农,蒋传丰,应强,等. 江河崩岸问题研究综述[J]. 水利水电科技进展,2008(3):80-84.

[7] DUAN G,SHU A,RUBINATO M,et al. Collapsing mechanisms of the typical cohesive riverbank along the Ningxia-Inner Mongolia Catchment[J]. Water,2018,10(9):1-18.

[8] 中华人民共和国水利部. 2013 中国河流泥沙公报[R]. 北京,2013.

[9] 师长兴. 黄河下游泥沙灾害初步研究[J]. 灾害学,1999(4):41-45.

[10] 水利部长江水利委员会. 长江中下游护岸工程 40 年[Z]. 1990.

[11] 龚士良,俞俊英. 长江中下游环境地质问题及对防洪工程的影响[J]. 中国地质灾害与防治学报,1999(3):20-28.

[12] 赵业安,周文浩,费祥俊,等. 黄河下游河道演变基本规律[Z]. 北京:中国水利水电科学研究院,2005.

[13] 王延贵,胡春宏. 塔里木河流域工程与非工程措施五年实施方案有关技术问题的研究[R]. 2001.

[14] TA W,XIAO H,DONG Z. Long-term morphodynamic changes of a desert reach of the Yellow River following upstream large reservoirs'operation[J]. Geomorphology,2008,97(3-4):249-259.

[15] 吴佳敏,王润生,姚建华. 黄河银川平原段河道演变的遥感监测与研究[J]. 国土资源遥感,2009,18(4):36-39.

[16] OKEKE C U,UNO J,ACADEME S,et al. An integrated assessment of land use impact,riparian vegetation and lithologic variation on streambank stability in a peri-urban watershed(Nigeria)[J]. Scientific Reports,2022,12(1):10-19.

[17] 张帆一,闻云呈,王晓俊,等. 长江下游崩岸预警模型水动力指标阈值研究[J]. 水力发电学报,2023:1-12.

[18] COUPER P R. Space and time in river bank erosion research:A review[J]. Area,2004,36(4):387-403.

[19] GOUDIE A S. Global warming and fluvial geomorphology[J]. Geomorphology,2006,79(3-4):384-394.

[20] KLAVON K,FOX G,GUERTAULT L,et al. Evaluating a process-based model for use in streambank stabilization:Insights on the Bank Stability and Toe Erosion Model(BSTEM)[J]. Earth Surface Processes and Landforms,2017,42(1):191-213.

[21] SEMMAD S,JOTISANKASA A,MAHANNOPKUL K,et al. A coupled simulation of lateral erosion,unsaturated seepage and bank instability due to prolonged high flow[J]. Geomechanics for Energy and the Environment,2022,32:1-14.

[22] 李志威,郭楠,胡旭跃,等. 基于 BSTEM 模型的黄河源草甸型弯曲河流崩岸过程模拟[J]. 应用基础与工程科学学报,2019,27(3):509-519.

[23] 耿磊. 渠江丹溪口河段二维水流特性及崩岸过程数值模拟研究[D]. 重庆:重庆交通大学,2021.

[24] GONG Q,WANG J,ZHOU P,et al. A regional landslide stability analysis method under the combined impact of rainfall and vegetation roots in South China[J]. Advances in Civil Engineering,2021,2021(7):1-12.

[25] GAO P,LI Z,YANG H. Variable discharges control composite bank erosion in Zoige meandering rivers[J]. Catena,2021,204(105384):1-13.

[26] SIMON A,POLLEN-BANKHEAD N,MAHACEK V,et al. Quantifying reductions of mass-failure frequency and sediment loadings from streambanks using toe protection and other means:lake tahoe,united states[J]. Journal of the American Water Resources Association,2009(7):170-186.

[27] MIDGLEY T L,FOX G A,HEEREN D M. Evaluation of the Bank Stability and Toe Erosion Model(BSTEM)for predicting lateral retreat on composite streambanks[J]. Geomorphology,2012,145-146:107-114.

[28] POLLEN-BANKHEAD N,SIMON A. Enhanced application of root-reinforcement algorithms for bank-stability modeling[J]. Earth Surface Processes and Landforms,2009,34(4):471-480.

[29] MCQUEEN A L. Factors and processes influencing streambank erosion along Horseshoe Run in Tucker County,West Virginia[D]. Morgantown:West Virginia University,2011.

[30] ENLOW H K,FOX G A,BOYER T A,et al. A modeling framework for evaluating streambank stabilization practices for reach-scale sediment reduction[J]. Environmental Modelling and Software,2018,100:201-212.

[31] LAMMERS R W,BLEDSOE B P. A network scale,intermediate complexity model for simulating channel evolution over years to decades[J]. Journal of Hydrology,2018,566(7):886-900.

[32] 张翼,夏军强,宗全利,等. 下荆江二元结构河岸崩退过程模拟及影响因素分析[J]. 泥沙研究,2015,3(27):27-34.

[33] 王博,姚仕明,岳红艳. 基于 BSTEM 的长江中游河道岸坡稳定性分析[J]. 长江科学院院报,2014,31(1):1-7.

[34] 宗全利,夏军强,邓春艳,等.基于BSTEM模型的二元结构河岸崩塌过程模拟[J].四川大学学报,2013,45(3):69-78.

[35] YU G A,LI Z,YANG H,et al. Effects of riparian plant roots on the unconsolidated bank stability of meandering channels in the Tarim River,China[J]. Geomorphology,2020,351:1-12.

[36] 孙嘉卿,丛干文,刘君实,等.再生骨料生态混凝土预测模型抗压强度试验研究[J].建筑结构学报,2020,41(s1):381-389.

[37] THAPA I,TAMRAKAR N K. Bank stability and toe erosion model of the Kodku Khola bank,southeast Kathmandu valley, central Nepal[J]. Journal of Nepal Geological Society,2016,50(1):105-111.

[38] KHANAL A,KLAVON K R,FOX G A,et al. Comparison of linear and nonlinear models for cohesive sediment detachment:Rill erosion,hole erosion test,and streambank erosion studies[J]. Journal of Hydraulic Engineering,2016,142(9):1-12.

[39] LANGENDOEN E J,ZEGEYE A D,STEENHUIS T,et al. Using computer models to design gully erosion control structures for humid northern Ethiopia,F,2014[C]. New Delhi:Springer,2014.

[40] 杨涵苑.不同河岸物质组成的弯曲河流崩岸过程与机理研究[D].长沙:长沙理工大学,2019.

[41] 王军,宗全利,岳红艳,等.干湿交替对长江荆江段典型断面岸滩土体力学性能的影响[J].农业工程学报,2019,35(2):144-152.

[42] MOHAMMED-ALI W,MENDOZA C,HOLMES R R. Influence of hydropower outflow characteristics on riverbank stability:Case of the lower Osage River(Missouri,USA)[J]. Hydrological Sciences Journal,2020,65(10):1784-1793.

[43] KRZEMINSKA D,KERKHOF T,SKAALSVEEN K,et al. Effect of riparian vegetation on stream bank stability in small agricultural catchments[J]. Catena,2019,172:87-96.

[44] 丁彬.长江安徽段弯道河岸崩岸的模型试验及数值分析[D].合肥:合肥工业大学,2018.

[45] ZONG Q,XIA J,ZHOU M,et al. Modelling of the retreat process of composite riverbank in the Jingjiang Reach using the improved BSTEM[J]. Hydrological Processes,2017,31(26):4669-4681.

[46] 方胜.植被护坡工程质量评价方法研究[D].成都:西南交通大学,2011.

[47] EVETTE A,LABONNE S,REY F,et al. History of bioengineering techniques for erosion control in rivers in Western Europe[J]. Environmental Management,2009,43(6):972-984.

[48] 王保龙,邹胜文.废旧轮胎在岩石坡面固土绿化中的应用[J].公路,2003(2):127-130.

[49] 查轩,唐克丽,张科利,等.植被对土壤特性及土壤侵蚀的影响研究[J].水土保持学报,1992(2):52-58.

[50] LI L B,ZHAN H M,ZHOU X M,et al. Effects of super absorbent polymer on scouring resistance and water retention performance of soil for growing plants in ecological concrete[J]. Ecological Engineering,2019,138:237-247.

[51] 黄晓乐,许文年,夏振尧.植被混凝土基材2种草本植物根-土复合体直剪试验研究[J].水土保持研究,2010,17(4):158-161,165.

[52] 齐泽民,卿东红.根系分泌物及其生态效应[J].内江师范学院学报,2005(2):68-74.

[53] 张锋,凌贤长,吴李泉,等. 植被须根护坡力学效应的三轴试验研究[J]. 岩石力学与工程学报,2010,29(s2):3979-3985.

[54] POLLEN-BANKHEAD N,SIMON A. Estimating the mechanical effects of riparian vegetation on stream bank stability using a fiber bundle model[J]. Water Resources Research,2005,41(7):1-11.

[55] MILLER J R,CRAIG K R. Use and performance of in-stream structures for river restoration: A case study from North Carolina[J]. Environmental Earth Sciences,2013,68(6):1563-1574.

[56] TANG W,MOHSENI E,WANG Z. Development of vegetation concrete technology for slope protection and greening[J]. Construction and Building Materials,2018,179:605-613.

[57] 胡蝶,费永俊,张洋. 混播草种在植被混凝土上群落构建技术应用研究[J]. 长江大学学报(自科版),2021,18(5):112-120.

[58] 唐瑞泽,汤骅,宗全利,等. 植被根系对干旱内陆河流岸坡冲刷过程影响的模拟研究[J]. 水土保持学报,2023,37(2):27-36.

[59] 夏军强,林芬芬,周美蓉,等. 三峡工程运用后荆江段崩岸过程及特点[J]. 水科学进展,2017,28(4):543-552.

[60] 钱兴月. 下荆江河漫滩景观生态系统服务评价[D]. 恩施:湖北民族大学,2022.

[61] 邓珊珊,夏军强,宗全利,等. 下荆江典型河段芦苇根系特性及其对二元结构河岸稳定的影响[J]. 泥沙研究,2020,45(5):13-19.

[62] 夏军强,刘鑫,邓珊珊,等. 三峡工程运用后荆江河段崩岸时空分布及其对河床调整的影响[J]. 湖泊科学,2022,34(1):296-306.

[63] 刘鑫,夏军强,邓珊珊,等. 下荆江急弯段凸冲凹淤演变过程与机理[J]. 科学通报,2022,67(22):2672-2683.

[64] 张明进. 新水沙条件下荆江河段航道整治工程适应性及原则研究[D]. 天津:天津大学,2014.

[65] XIA J,ZONG Q,DENG S,et al. Seasonal variations in composite riverbank stability in the Lower Jingjiang Reach,China[J]. Journal of Hydrology,2014,519(5):3664-3673.

[66] LI F F,QIU J. Incorporating ecological adaptation in a multi-objective optimization for the Three Gorges Reservoir[J]. Journal of Hydroinformatics,2016,18(3):564-578.

[67] WANG X,LI X,WU Y. Maintaining the connected river-lake relationship in the middle Yangtze River reaches after completion of the Three Gorges Project[J]. International Journal of Sediment Research,2017,32(4):487-494.

[68] WU J,LUO J,ZHANG H,et al. Projections of land use change and habitat quality assessment by coupling climate change and development patterns[J]. Science of the Total Environment,2022,847(7):1-9.

[69] 王超,李浩,柴元方. 长江中下游同流量下水位变化特征[J]. 水电能源科学,2021,39(9):33-36.

[70] 柴元方,邓金运,杨云平,等. 长江中游荆江河段同流量—水位演化特征及驱动成因[J]. 地理学报,2021,76(1):101-113.

[71] 夏军强,周美蓉,许全喜,等. 三峡工程运用后长江中游河床调整及崩岸特点[J]. 人民长江,2020,51(1):16-27.

[72] 毛禹,赵雪花.长江中游监利段近10年水位流量响应关系新特点[J].人民长江,2020,51(5):89-93.

[73] 刘奇峰.长江中游大马洲水道航道整治工程效果分析[J].水运工程,2019(5):125-129.

[74] 陈洁,陶桂兰,吴俊东.基于Matlab的下荆江二元岸坡崩塌过程动态模拟[J].水道港口,2018,39(6):716-722.

[75] 卢金友,朱永辉,岳红艳,等.长江中下游崩岸治理与河道整治技术[J].水利水电快报,2017,38(11):6-14.

[76] 林芬芬,夏军强,周美蓉,等.近50年来荆江监利段河床平面及断面形态调整特点[J].科学通报,2017,62(33):2698-2708.

[77] 夏军强,宗全利,许全喜,等.下荆江二元结构河岸土体特性及崩岸机理[J].水科学进展,2013,24(6):810-820.

[78] 关见朝,宋平,王大宇,等.荆江河段冲刷下切关键河段及节点分析[J].泥沙研究,2020,45(3):22-29,52.

[79] 中华人民共和国水利部.中国河流泥沙公报(2006)[R].北京:中华人民共和国水利部,2006.

[80] 水利部长江水利委员会.长江泥沙公报(2006)[R].武汉:水利部长江水利委员会,2006.

[81] 黄莉.监利河段水沙变化及其对该河段河床横断面形态影响机理研究[D].武汉:长江科学院,2008.

[82] 中华人民共和国水利部.中国河流泥沙公报(2007)[R].北京:中华人民共和国水利部,2007.

[83] 李景保,谷佳慧,代稳,等.三峡水库运行下长江中游典型河段水情变化及趋势预测[J].冰川冻土,2017,38(5):1373-1384.

[84] 袁帅,李志威,朱玲玲,等.下荆江七弓岭弯道崩岸机理研究[J].泥沙研究,2020,45(1):21-28.

[85] HYDROLOGY J B O. Investigation of riverbank erosion phenomena and mechanical mechanisms in the Jingjiang Reach[R]. Wuhan:Changjiang Water Resources Commission,2008.

[86] 余文畴,卢金友.长江河道崩岸与保护[M].北京:中国水利水电出版社,2008.

[87] 张芳枝,陈晓平.河流冲刷对堤岸渗流和变形的影响研究[J].岩土力学,2011,32(2):441-447.

[88] ZONG Q,ZHENG T,TANG R,et al. Effects of desert riparian vegetation roots on the riverbank retreat process in the Tarim River in China[J]. Journal of Hydrology,2023,617:1-17.

[89] 刘子军.基于Pearson相关系数的低渗透砂岩油藏重复压裂井优选方法[J].油气地质与采收率,2022,29(2):140-144.

[90] 唐军峰,唐雪梅,肖鹏,等.库水位升降与降雨作用下大型滑坡体渗流稳定性分析[J].地质科技通报,2021,40(4):153-161.

[91] SIMON A,COLLISON A J. Quantifying the mechanical and hydrologic effects of riparian vegetation on streambank stability[J]. Earth Surface Processes and Landforms,2002,27(5):527-546.

[92] SIMON A,CURINI A,DARBY S E,et al. Streambank mechanics and the role of bank and near-bank processes in incised channels[J]. Incised River Channels,1999,1(999):123-152.

[93] 张琳琳.汛后落水条件下河岸崩塌的机理分析[D].咸阳:西北农林科技大学,2015.

[94] 杨斌.水位骤变条件下河流崩岸机理研究[D].南昌:南昌大学,2018.

[95] 林木松,唐文坚.长江中下游河床稳定性系数计算[J].水利水电快报,2005,26(17):25-27.

[96] 童潜明.荆江段泥沙淤积搬家与洞庭湖的防洪[J].国土资源科技管理,2004(3):19-25.

[97] 李林刚.考虑河流冲刷作用的岸坡失稳机理研究[D].重庆:重庆交通大学,2019.

[98] 傅春,张念强,曹志先.明渠断面水流流速与边界剪切应力横向分布模型[J].水利水电科技进展,2006(4):12-14.

[99] 赵盖博,边昌伟,徐景平.潮流和风浪对海底边界层剪切应力和悬浮物浓度影响的观测研究[J].中国海洋大学学报(自然科学版),2019,49(11):83-91.

[100] 范昕然,王海琳.植物型生态护坡在河道治理中的应用[J].水运工程,2023(s2):15-19.

[101] 张志永,向林,万成炎,等.三峡水库消落区植物群落演变趋势及优势植物适应策略[J].湖泊科学,2023,35(2):553-563.

[102] POLLEN-BANKHEAD N. Temporal and spatial variability in root reinforcement of stream-banks:Accounting for soil shear strength and moisture[J]. Catena,2007,69(3):197-205.

[103] ENNOS A R. The anchorage of leek seedlings:The effect of root length and soil strength[J]. Annals of Botany,1990,65(4):409-416.

[104] WALDRON L J. The shear resistance of root-permeated homogeneous and stratified soil[J]. Soil Science Society of America Journal,1977,41(5):843-849.

[105] 李绍才,孙海龙,杨志荣,等.坡面岩体-基质-根系互作的力学特性[J].岩石力学与工程学报,2005(12):2074-2081.

[106] 周跃,徐强,络华松,等.乔木侧根对土体的斜向牵引效应 I 原理和数学模型[J].山地学报,1999(1):5-10.

[107] 韩纪坤.不同类型植株平面布置对岸坡锚固加筋作用的影响研究[D].郑州:华北水利水电大学,2021.

[108] 张丽,岳绍玉,薛静.河流植被护坡的防护机理研究与分析[J].河南水利与南水北调,2017(1):84-88.

[109] FRESCHET G T,ROUMET C,COMAS L H,et al. Root traits as drivers of plant and ecosystem functioning:Current understanding,pitfalls and future research needs[J]. New Phytologist,2021,232(3):1123-1158.

[110] 沈中原.坡面植被格局对水土流失影响的实验研究[D].西安:西安理工大学,2006.

[111] 刘雅婷.河岸带紫花苜蓿根-土相互力学作用时间效应研究[D].太原:太原理工大学,2021.

[112] WU T H,MCKINNELL I W,SWANSTON D N. Strength of tree roots and landslides on Prince of Wales Island,Alaska[J]. Canadian Geotechnical Journal,1979,16(1):19-33.

[113] WALDRON L J,DAKESSIAN S. Soil reinforcement by roots:Calculation of increased soil shear resistance from root properties[J]. Soil science,1981,132(6):427-435.

[114] WANG S Y,MENG X M,CHEN G,et al. Effects of vegetation on debris flow mitigation:A case study from Gansu province,China[J]. Geomorphology,2017,282:64-73.

[115] 肖衡林,余天庆.山区挡土墙土压力的现场试验研究[J].岩土力学,2009,30(12):3771-3775.

[116] GREGG P M,ZHAN Y,AMELUNG F,et al. Forecasting mechanical failure and the 26 June 2018 eruption of Sierra Negra volcano,Galápagos,Ecuador[J]. Science advances,2022,8

(22):1-9.
[117] 徐贵迁,赵洋毅,王克勤,等.金沙江干热河谷冲沟区优先流影响下的土壤力学特性[J].水土保持学报,2023,37(2):100-110.
[118] 卢肇钧.黏性土抗剪强度研究的现状与展望[J].土木工程学报,1999(4):3-9.
[119] 张青松,廖庆喜,王泽天,等.油菜直播地表土壤物理机械特性参数测量装置研究[J].农业机械学报,2023:1-11.
[120] 陈希哲.土力学地基基础[M].北京:清华大学出版社有限公司,1998.
[121] 蒋坤云.植物根系抗拉特性的单根微观结构作用机制[D].北京:北京林业大学,2013.
[122] POLLEN-BANKHEAD N, Simon A, Thomas R E. The reinforcement of soil by roots: Recent advances and directions for future research[M]//Shroder J F. Treatise on Geomorphology. San Diego: Academic Press, 2013: 107-124.
[123] DEBAETS S, POESEN J, REUBENS B, et al. Root tensile strength and root distribution of typical Mediterranean plant species and their contribution to soil shear strength[J]. Plant and soil, 2008, 305: 207-226.
[124] COPPIN N J, RICHARDS I G. Use of vegetation in civil engineering[J]. Ciria Butterworths, 1990.
[125] REUBENS B, POESEN J, DANJON F, et al. The role of fine and coarse roots in shallow slope stability and soil erosion control with a focus on root system architecture: A review[J]. Trees, 2007, 21(4): 385-402.
[126] RIESTENBERG M M, SOVONICK-DUNFORD S. The role of woody vegetation in stabilizing slopes in the Cincinnati area, Ohio[J]. Geological Society of America Bulletin, 1983, 94(4): 506-518.
[127] GREGORY K J, GURNELL A M. Vegetation and river channel form and process, F, 1988[C]. New Delhi: Springer, 1988.
[128] HALES T C, FORD C R, HWANG T, et al. Topographic and ecologic controls on root reinforcement[J]. Journal of Geophysical Research: Earth Surface, 2009, 114(03013): 1-17.
[129] GENET M, STOKES A, SALIN F, et al. The influence of cellulose content on tensile strength in tree roots[J]. Plant and Soil, 2005, 278: 1-9.
[130] 张波.马尾松木材管胞形态及微力学性能研究[D].北京:中国林业科学研究院,2007.
[131] 蒋坤云,陈丽华,杨苑君,等.华北油松、落叶松根系抗拉强度与其微观结构的相关性研究[J].水土保持学报,2013,27(2):8-12,19.
[132] DOCKER B B, HUBBLE T C. Quantifying root-reinforcement of river bank soils by four Australian tree species[J]. Geomorphology, 2008, 100(3-4): 401-418.
[133] SCHWARZ M, PRETI F, GIADROSSICH F, et al. Quantifying the role of vegetation in slope stability: A case study in Tuscany(Italy)[J]. Ecological Engineering, 2010, 36(3): 285-291.
[134] LOADES K W, BENGOUGH A G, BRANSBY M F, et al. Planting density influence on fibrous root reinforcement of soils[J]. Ecological Engineering, 2010, 36(3): 276-284.
[135] 刘艳锋,王莉.BSTEM模型的原理、功能模块及其应用研究[J].中国水土保持,2010(10):24-27.

[136] 赵亮. 根-土复合体抗剪强度试验研究[D]. 长沙:中南林业科技大学,2014.
[137] BURYLO M,HUDEK C,REY F. Soil reinforcement by the roots of six dominant species on eroded mountainous marly slopes(Southern Alps,France)[J]. Catena,2011,84(1-2):70-78.
[138] JIANG B,ZHANG G,HE N,et al. Analytical model for pullout behavior of root system[J]. Ecological Modelling,2023,479:1-11.
[139] 郝由之,假冬冬,张幸农,等. 植被对河道水流及岸滩形态演变影响研究进展[J]. 水利水运工程学报,2022(3):1-11.
[140] NILAWEERA N S,NUTALAYA P. Role of tree roots in slope stabilisation[J]. Bulletin of Engineering Geology and the Environment,1999,57(5):337-342.
[141] 陈小华,李小平. 河道生态护坡关键技术及其生态功能[J]. 生态学报,2007(3):1168-1176.
[142] BISCHETTI G B,CHIARADIA E A,SIMONATO T,et al. Root strength and root area ratio of forest species in Lombardy(Northern Italy),F,2007[C]. New Delhi:Springer,2007.
[143] WALDRON L J,DAKESSIAN S. Effect of grass,legume,and tree roots on soil shearing resistance[J]. Soil Science Society of America Journal,1982,46(5):894-899.
[144] 孙曰波,赵从凯,张玲,等. 氮磷钾营养亏缺对玫瑰幼苗根构型的影响[J]. 中国土壤与肥料,2013(3):43-48.
[145] 吴敏,张文辉,周建云,等. 干旱胁迫对栓皮栎幼苗细根的生长与生理生化指标的影响[J]. 生态学报,2014,34(15):4223-4233.
[146] AVANI N,LATEH H,BIBALANI G H. Root distribution of *Acacia mangium* Willd. and *Macaranga tanarius* L. of rainforest[J]. Bangladesh Journal of Botany, 2014, 43(2): 141-145.
[147] ZEGEYE A D,LANGENDOEN E J,TILAHUN S A,et al. Root reinforcement to soils provided by common Ethiopian highland plants for gully erosion control[J]. Ecohydrology, 2018,11(6):10-28.
[148] 朱利利. 印楝属植物亲缘关系分析[D]. 北京:中国林业科学研究院,2016.
[149] 李煜,赵国红,尹峰,等. 岩质边坡覆绿植物的根系形态变化特征及影响因子研究[J]. 湖南师范大学自然科学学报,2020,43(2):45-52,81.
[150] 游珍,李占斌,蒋庆丰. 坡面植被分布对降雨侵蚀的影响研究[J]. 泥沙研究,2005(6):42-45.
[151] 朱建强,邹社校,潘传柏. 长江中下游堤防侵蚀及其防治[J]. 水土保持通报,2000(5):5-10.
[152] 彭泽乾. 植被对欠稳定边坡自我修复影响机制研究[D]. 重庆:重庆交通大学,2018.
[153] 胡凡荣. 北京市怀柔区典型河岸带不同生物护坡技术生态效益研究[D]. 北京:北京林业大学,2017.
[154] 樊维. 裂隙岩体植物根劈作用机理研究[D]. 重庆:重庆交通大学,2016.
[155] ENDO I,KUME T,KHO L K,et al. Spatial and temporal patterns of root dynamics in a Bornean tropical rainforest monitored using the root scanner method[J]. Plant and Soil, 2019,443(5):323-335.
[156] 方华,林建平. 植被护坡现状与展望[J]. 水土保持研究,2004(3):283-285,292.
[157] 王飞,史文明,王能贝,等. 绿色生态型护坡在三峡水库消落区的工程应用[J]. 水电能源科学,2010,28(3):105-107.

[158] HUANG C,HUANG X,PENG C,et al. Land use/cover change in the Three Gorges Reservoir area,China:Reconciling the land use conflicts between development and protection[J]. Catena,2019,175:388-399.
[159] 范永丰,韩宇琨,刘丛木,等. 土工格室加固边坡稳定性参数分析[J]. 科学技术与工程,2022,22(6):2507-2514.
[160] 畅宇文. 边坡复合支护结构设计及研究[D]. 大连:大连理工大学,2022.
[161] POLITTI E,BERTOLDI W,GURNELL A,et al. Feedbacks between the riparian Salicaceae and hydrogeomorphic processes:A quantitative review[J]. Earth Science Reviews,2018,176:147-165.
[162] LI Y,WANG Y,WANG Y,et al. Effects of Vitex negundo root properties on soil resistance caused by pull-out forces at different positions around the stem[J]. Catena,2017,158:148-160.
[163] DUROCHER M G. Monitoring spatial variability of forest interception[J]. Hydrological Processes,1990,4(3):215-229.
[164] 付江涛,李光莹,虎啸天,等. 植物固土护坡效应的研究现状及发展趋势[J]. 工程地质学报,2014,22(6):1135-1146.
[165] 郑明新,黄钢,彭晶. 不同生长期多花木兰根系抗拉拔特性及其根系边坡的稳定性[J]. 农业工程学报,2018,34(20):175-182.
[166] 黄刚,赵学勇,苏延桂. 科尔沁沙地3种草本植物根系生长动态[J]. 植物生态学报,2007(6):1161-1167.
[167] YANG Y,MCCORMACK M L,HU H,et al. Linking fine-root architecture,vertical distribution and growth rate in temperate mountain shrubs[J]. Oikos,2023(1):1-10.
[168] 陈锴. 浙江省大中型水库消落区现状分析及防治研究[D]. 杭州:浙江大学,2015.
[169] 王克响,宗全利,蔡杭兵,等. 基于BSTEM模型的植被根系对塔里木河岸坡稳定性影响过程模拟[J]. 干旱区资源与环境,2021,35(3):118-125.
[170] ZHAO K,LANZONI S,GONG Z,et al. A numerical model of bank collapse and river meandering[J]. Geophysical Research Letters,2021,48(12):1-10.

HAO YU 河北昊禹工程技术咨询有限公司简介

河北昊禹工程技术咨询有限公司(Hebei Haoyu Engineering Technology Consulting Co.,Ltd,以下简称公司)成立于2005年,注册资本800万元人民币,控股股东为河北省水利水电勘测设计研究院集团有限公司。公司设有三个办公地点,分别为天津市河北区金钟河大街238号、天津市河西区洞庭路16号郡都大厦1号楼4层和石家庄市桥西区中营街1号。

公司持有住建部颁发的工程勘察(岩土工程)乙级资质证书、水利行业(河道整治)专业乙级、工程招标代理甲级资质证书、工程咨询单位乙级预评价资信证书(水利水电专业)、中央投资项目招标代理甲级资格证书、中华人民共和国政府采购代理机构资格确认证书,并录入“政府采购代理机构名单”,公司通过了ISO9001:2015质量管理体系标准、ISO14001:2015环境管理体系标准和ISO45001:2018职业健康安全管理体系认证。

公司业务涉及规划咨询、投资策划、工程勘察设计,工程招标及造价服务、工程管理服务,水土保持技术咨询、水资源评价、环境保护、土地规划设计、新能源技术推广服务、建筑劳务分包等,覆盖了水利行业的主要业务,彰显了公司在水利行业咨询的全面性和专业性。

公司拥有专业技术人员60多人,其中研究生以上学历、各类职业资格、中高级职称以上人才占比近75%,形成了一支理论基础扎实、实践经验丰富,涉及多专业、高层次、综合性的专家队伍,有力地支撑了公司全过程咨询业务的开展。

公司成立以来,承担了南水北调中线干线工程、河北省南水北调配套工程、引黄入冀补淀工程、水库除险加固工程、河道综合治理工程、引青济秦扩建工程等国家重点工程的造价和招标工作3000多项。近两年承担涉及“23·7”洪水的勘察设计项目总投资50多亿元,涉及“23·7”洪水项目20多亿元。

公司注重科技与质量,承担的项目多次获得全国优秀勘察设计奖、大禹奖、省优秀勘察设计奖、省优秀工程咨询奖,多项课题获省水利学会科技进步一等奖。同时公司积极参与标准建设,完成了多项河北省地方标准。

展望未来,面对经济社会发展新形势、新机遇、新挑战,公司以全方位的管理体系和技术支撑,不断补强公司智库,提升服务能力和综合竞争力,以“创新、开放、共享”的发展理念,“严肃、认真、高效”的工作态度,秉承求真务实、与时俱进、开拓创新的咨询服务,赢得社会各界的信赖和好评。

Introduction of Hebei Haoyu Engineering Technology Consulting Co. ,Ltd.

Haoyu Engineering Technology Consulting Co. ,Ltd(hereinafter referred to as the Company) was established in 2005 with a registered capital of RMB 8 million and a controlling shareholder of Hebei Water Conservancy and Hydroelectricity Survey and Design Institute Group Co. The Company has three office locations, namely, No. 238 Jinzhonghe Street, Hebei District, Tianjin, 4/F, Building 1, Shundu Mansion, No. 16 Dongting Road, Hexi District, Tianjin, and No. 1 Zhongying Street, Qiaoxi District, Shijiazhuang.

The company holds Class B Qualification Certificate of Engineering Survey (Geotechnical Engineering), Class B Specialty in Water Conservancy Industry(River Regulation), Class A Qualification Certificate of Engineering Bidding Agent, Class B Pre-evaluation Credit Certificate of Engineering Consulting Units(Specialty in Water Conservancy and Hydroelectricity)issued by the Ministry of Housing and Construction, Class A Qualification Certificate of Bidding Agent for Central Investment Projects, and Certificate of Confirmation of Qualification of Government Procurement Agents in the People's Republic of China, which is also recorded in the "List of Government Procurement Agencies", the company has passed ISO9001:2015 quality management system standard, ISO14001:2015 environmental management system standard and ISO45001:2018 occupational health and safety management system certification.

The company's business involves planning and consulting, investment planning, engineering survey and design, engineering bidding and costing services, engineering management services, soil and water conservation technical consulting, water resources evaluation, environmental protection, land planning and design, new energy technology promotion services, and construction labor subcontracting, etc., which cover the main business of the water conservancy industry, highlighting the company's comprehensiveness and professionalism of consulting in the water conservancy industry.

he company has more than 60 professional and technical personnel, of which nearly 75% have postgraduate education, various types of professional qualifications, middle and senior titles, forming a solid theoretical foundation, rich practical experience, involving multi-disciplinary, high-level, comprehensive team of experts, which is conducive to support the company's whole process of consulting business.

Since the establishment of the company, it has undertaken more than 3,000 costing and bidding works of national key projects, such as South-to-North Water Diversion Mainline Project, South-to-North Water Diversion Supporting Project in Hebei Province, Yellow River Diversion Project, Reservoir Removal and Reinforcement Project, Comprehensive River Management Project, and Diversion Project of Qingdao to Qin. In the past two years, the company has undertaken survey and design projects involving the "23 • 7" flood with a total investment of more than 5 billion yuan, and projects involving the "23 • 7" flood with more than 2 billion yuan.

The company emphasizes on science and technology and quality, and the projects undertaken by the company have won the National Excellent Survey and Design Award, Dayu Award, Provincial Excellent Survey and Design Award, Provincial Excellent Engineering Consultation Award, and a number of projects have won the First Prize for Scientific and Technological Progress of Provincial Water Conservancy Society. Meanwhile, the company actively participates in standard construction and has completed many local standards in Hebei Province.

Looking ahead, in the face of the new situation of economic and social development, new opportunities, new challenges, the company to a full range of management systems and technical support, and constantly strengthen the company's think tank, enhance the service capacity and comprehensive competitiveness, "innovation, openness, sharing" development concept, "serious, conscientious and efficient" work attitude, adhering to the "serious, conscientious and efficient" work attitude. With the development concept of "innovation, openness and sharing", the working attitude of "seriousness, conscientiousness and efficiency", the company adheres to the consulting service of seeking truth and pragmatism, advancing with the times and pioneering and innovating, and has won the trust and favorable comments from all circles of society.